Sitzungsberichte
der Akademie der Wissenschaften
der DDR
Mathematik – Naturwissenschaften – Technik

4N

1977

Spezielle ökologisch-ökonomische Probleme in Randgebieten von Verkehrswegen

AKADEMIE-VERLAG · BERLIN

Sitzungsberichte
der Akademie der Wissenschaften
der DDR
Mathematik — Naturwissenschaften — Technik

Jahrgang 1977 · Nr. 4/N

Spezielle ökologisch-ökonomische Probleme in Randgebieten von Verkehrswegen

AKADEMIE-VERLAG · BERLIN
1977

Vorträge gehalten vor der Klasse
Umweltschutz und Umweltgestaltung
am 17. Juni 1976

Herausgegeben im Auftrage
des Präsidenten der Akademie
der Wissenschaften der DDR
von Vizepräsident Prof. Dr. Heinrich Scheel

Erschienen im Akademie-Verlag, 108 Berlin, Leipziger Straße 3—4

Lizenznummer: 202 · 100/247/77
Gesamtherstellung: VEB Druckhaus Köthen
Bestellnummer: 753 316 2 (2010/77/4/N) · LSV 0305
Printed in GDR
EVP: 4,50 M

Inhalt

Emanuel Heinisch, Viola Schenkling, Harry Wersenger

Spezielle ökologisch-ökonomische Probleme in Randgebieten von Verkehrswegen

Verkehrswege gehören zu den wichtigsten Bestandteilen der Infrastruktur staatlicher Territorien. Sie sind als Produktivkräfte zu bezeichnen, mit deren Entwicklung sich auch die räumlich-zeitliche Dimension der Umwelt, eine ihrer wesentlichen Charakteristiken, verändert. „Einst nur mit großem Aufwand und darum in praxi nicht erreichbare Städte, Gemeinden, Erholungsgebiete usw. werden mit der Entwicklung der Kommunikationsmittel und ihrer breitestmöglichen Nutzung ein Teil der Umwelt jedes einzelnen Menschen" (Grundmann und Stabenow 1971). Der Ausbau des Transportes von Fertig-, Zwischen- und Ausgangsprodukten war zugleich Voraussetzung für die industrielle Produktion, die Energieerzeugung, die Einführung industriemäßiger Produktionsmethoden in die Landwirtschaft und für die Bedürfnisbefriedigung der Bevölkerung im Dienstleistungsgewerbe sowie die medizinische Betreuung.

Die Herstellung, Benutzung und Entwicklung der Transportwege und Mittel, ihre Funktion im gesellschaftlichen Reproduktionsprozeß einschließlich ihrer Wirkungen auf Mensch und Umwelt gehören daher zu den zentralen Interessensphären von Volkswirtschaft und Forschung.

In dem kleinen, dicht besiedelten und hochindustrialisierten Land DDR ist hinsichtlich der Ausdehnung seines Verkehrsnetzes für die Jahre 1960—1974 der in der Tab. 1 wiedergegebene Trend zu erkennen.

Aus den Werten sind Abnahmen der Schienenwege, keine Veränderungen in den Binnenwasserstraßen, Zunahmen aber im Straßennetz abzulesen. Tatsächlich

Tabelle 1

Entwicklung der Verkehrswege in der DDR 1960—1974

Streckenart	Länge der Verkehrswege in km im Jahr			
	1960	1965	1970	1974
Eisenbahnstrecken	16 174	15 930	14 658	14 252
Staatsstraßen	12 335	12 382	12 416	12 927
Bezirksstraßen	33 144	33 338	33 313	34 676
Binnenwasserstraßen (regelmäßig benutzt)	2 644	2 519	2 519	2 546

verfügt die DDR über das dichteste Straßennetz und die größte Verkehrsdichte aller Staaten des RGW (Ehwald und Mitarb. 1974). Dies ist der Grund, warum in den folgenden Beiträgen Straße und Straßenverkehrsmittel im Vordergrund der Untersuchungen und Auswertungen stehen sollen. Neben den einleitend erwähnten beabsichtigten ökonomischen und soziologischen Effekten haben Vorhandensein und Nutzung von Verkehrswegen und -mitteln jedoch auch unbeabsichtigte Folgewirkungen, denen zumeist ein für Mensch und Umwelt negativer Charakter zugesprochen wird. Art und Ausmaße dieser Wirkungen, die bei Flächenbedarf und Energieproblemen beginnen, über die Pollution der Umweltmedien einschließlich der Rohprodukte von Nahrung und Ernährung, der Brandgefährdung, der Habitatsveränderung von Tieren und Pflanzen bis einschließlich zur mittelbaren und unmittelbaren Gesundheitsgefährdung von Menschen führen, sind aber eine Funktion des jeweiligen technologischen Entwicklungsstandes und des Erkenntnis- und Nutzungsgrades ökologischer Disziplinen, also anthropogen beeinflußbar. Dies gilt auch für die Selbstregulierungspotentiale der mit dem jeweiligen Verkehrsweg verbundenen Subsysteme. Bau, Benutzung, Instandhaltung und Pflege von Straßen stellen je nach ihrer Bemessung und der Verkehrsfrequenz neben der erwähnten Flächennutzung einen technogenen Eingriff in den Naturraum dar. Der Flächenbedarf von Autobahnen und anderen stark frequentierten Straßen ist im Vergleich zu der Beförderungsleistung relativ gering. Nach Hoffmann (1975) sind gegenwärtig etwa 0,7% des Gesamtterritoriums der DDR mit Straßen belegt. Nach Erhebungen von Lindemann (1975) war 1973 für die DDR eine Gesamtstraßennetzdichte von 92 000 km zu verzeichnen, von der Autobahn bis zu ländlichen Wirtschaftswegen, wobei Ortsdurchfahrten nicht mitgerechnet wurden. Hieraus ergibt sich ein Anfall von etwas weniger als 10 m Straße je Hektar landwirtschaftlicher Nutzfläche (LN). Dies bedeutet bei einer Durchschnittsbreite von 10 m — diese wiederum grobe Verallgemeinerung sei gestattet, da in die Berechnung Straßen und Wege aller Ordnungen einschließlich der Randstreifen, Gräben und Böschungen mit einbezogen sind — einen Flächenentzug von etwa 100 m^2/1 ha LN.

Die hauptsächliche ökonomische und auch ökologische Bedeutung der Straßenrandgebiete resultiert aus ihrer Funktion als Standort landwirtschaftlicher, gärtnerischer und forstwirtschaftlicher Nutzpflanzen und deren möglicher hygienisch-toxischer oder phytotoxischer Wertbeeinträchtigung durch Kraftfahrzeugemissionen oder andere Produkte, die mit dem Kraftverkehr zusammenhängen, wie Tausalze, fahrlässige bzw. akzidentelle Verluste an Ladegut und anderen Bestandteilen des Kraftfahrzeuges. Eine genaue Bilanzierung entsprechender Wertbeeinträchtigungen scheidet wegen der Vielzahl der diese Größe beeinflussenden Parameter aus. So hängt der Eintrag kontaminierender Fremdstoffe oberhalb toxischer oder phytotoxischer Grenzwerte von den entsprechenden Eigenschaften der Stoffe selbst ab und zum anderen von der Tatsache, ob für solch eine Schädigung ausreichende Mengen eingetragen werden. Die hierfür bestimmenden stationären und variablen Parameter sind Linienführung der Straße und topographische Beschaffenheit der Umgebung einschließlich der Straßenrandbebauung, die wesentlich zur Beeinflussung klimatischer und meteorologischer Faktoren führt, sowie Kraftfahrzeugdichte, -art und -geschwindigkeit.

Ehe auf einige Details eingegangen werden soll, die mit den zuletzt genannten Parametern im Zusammenhang stehen, wenige Worte und Zahlen zu dem Kraftfahrzeug selbst. Es steht im Mittelpunkt aller Betrachtungen verkehrsbedingter Umweltbelastungen, insbesondere der Luftverschmutzung. Brütsch (1975) drückt das mit den folgenden Worten aus: „Das umweltbelastendste Beförderungsmittel des Personenverkehrs ist heute auch das am meisten verwendete". Smil (1974) berichtet über eine in den USA angestellte Expertenanalyse, die das Auto als den „Hauptangeklagten" bezeichnet. Nach Schärmann und Bergmann (1975) ist der Kraftverkehr in den USA zu etwa 60% an der Gesamtluftverunreinigung beteiligt. Lösungswege dieses Problems werden einmal in einer Minderung der Abgase gesehen, also in Veränderungen der Technologie des Antriebes oder der Zusammensetzung herkömmlicher Kraftstoffe, zum anderen aber in grundlegenden Verhaltens- und Bedürfnisveränderungen.

Für die DDR werden von Hoffmann (1975) die folgenden Zahlenangaben gemacht: Die Zahl der Einwohner je Pkw nahm von 266 1951 auf 11 im Jahre 1973 ab. Eine Motorisierungskennziffer, auch Sättigungsgrad genannt, von 300 Pkw je 1000 Einwohner wird für die DDR von dem gleichen Autor für realistisch gehalten. Bei einer durchschnittlichen jährlichen Zuwachsrate von 150 000 Pkw und etwa gleichbleibender Einwohnerzahl wird dieser Wert von 1 Pkw je 3 bis 3,5 Einwohner zwischen 1990 und 2000 erreicht. Es werden sich dann etwa 5,5 Millionen Pkw auf unseren Straßen befinden, was zur Folge haben wird, daß das für die Benutzung eines Pkw am häufigsten genannte Motiv der Zeitersparnis praktisch wegfällt. Während noch 1953 für ein Kfz bei dem damals bestehenden Straßennetz 252,6 m zur Verfügung standen, waren es 1973 nunmehr 20,3 m. Weiterhin ist noch darauf hinzuweisen, daß der Ausbau des Straßenverkehrs und die notwendigen Service-Leistungen einen immer größeren Anspruch an unser Nationaleinkommen stellen.

Die Schadstoffemission von Diesel- und Ottomotoren der Kraftfahrzeuge im Gebiet der DDR im Jahre 1972 wird nach Schärmann und Bergmann 1975 wie folgt beziffert:

550 000 t	Kohlenmonoxid
80 000 t	Kohlenwasserstoffe
145 000 t	Stickoxide
10 000 t	Ruß
80 000 t	Schwefeldioxid
500 t	Blei

Dagegen schätzt Preussner (1976) das aus Kraftfahrzeugen emittierte Blei auf 1000 t je Jahr für die DDR. Nicht einbezogen in die Schätzungen wurden Kadmium, Zink, Chrom (Mertz u. Mitarb. 1974), Nickel (Lagerwerff und Specht 1970), Ammoniak, Kohlendioxid, Schwebstoffe, Asbest, andere Arten Feinstaub ... sowie die gasförmigen primären und sekundären Reaktionsprodukte der Kraftfahrzeugabgase, die im Zusammenhang mit dem Kraftverkehr als Hauptschadkomponenten für Pflanzen gelten (STEEKEN 1973).

Der Kraftstoff Benzin ist aus dem Zuschlag an Antiklopfmitteln zu 0,4 g/l mit Blei und zu 10–35 ppb an Kadmium belastet. Dieselkraftstoff enthält bis zu 0,53 ppm an Kadmium (NORDBERG 1974).

Durch Untersuchungen mit Hilfe der Isotopenzusammensetzung wurde nachgewiesen, daß etwa 98% des in der Biosphäre vorhandenen Bleis aus Automobilabgasen stammt (HÖLL und HAMPP 1974).

Die Verbrennung von 1 Liter mit 400 mg Blei belastetem Benzin führt zu einer Emission von 350–400 mg Bleipartikeln (EHWALD 1974). Etwa 75% des dem Treibstoff zugesetzten Bleis sind in den Auspuffgasen enthalten. Je nach dem Wirkungsgrad des Kraftfahrzeuges, seinem Alter und der Beschaffenheit des Auspuffs sind sowohl die emittierten Bleigehalte als auch die Partikelgrößen unterschiedlich. Nach HABIBI (1970) nimmt der Teilchendurchmesser mit der Zahl der gefahrenen Kilometer zu. Zu niedrige und auch zu hohe Geschwindigkeiten, Beschleunigung und Abbremsung verursachen erhöhte Mengen an ausgestoßenen Bleiverbindungen.

Die bleienthaltenden Antiklopfmittel verlassen den Ottomotor nach dem Verbrennungsvorgang in Form der folgenden Verbindungen (HÖLL und HAMPP 1974):

- $PbClBr$
- α- und β-$NH_4Cl \cdot PbClBr$
- $2NH_4Cl \cdot PbClBr$
- $3Pb_3(PO_4)_2 \cdot PbClBr$

Nach HIRSCHLER und GILBERT (1964) ist Bleibromchlorid Bestandteil vorwiegend größerer Bleipartikel, während Teilchen, die kleiner als 1 μm sind, hauptsächlich aus den α- und β-Formen von Ammoniumchlorid und Bleibromchlorid, geringen Mengen Bleisulfat und gemischtem Bleihalogenid-oxid bestehen.

Mit zunehmender Entfernung von der Kontaminationsquelle tritt eine qualitative und quantitative Änderung der emittierten Bleiverbindungen auf. Unmittelbar nach der Emission analysiertes Blei liegt überwiegend in Form von Halogeniden vor; in 18 Stunden alten Abgasen treten an Stelle der gut wasserlöslichen Bromid- und Chloridverbindungen vermehrt schwer lösliche Bleicarbonate, -oxycarbonate und -oxide auf. Geringe Mengen Bleisulfat können gefunden werden als Ergebnis der Reaktion mit Schwefeltrioxid in der Atmosphäre (TER HAAR und BAYARD 1971, BETHEA und BETHEA 1975). Bis zu 10% des Bleigehaltes der Aerosole sind auf Alkylverbindungen zurückzuführen (HÖLL und HAMPP 1974). Blei in Form von Aerosolen kann bis zu 30 Tage in der Atmosphäre verbleiben und wird so weltweit verbreitet. In der Atmosphäre befindliches Blei gelangt durch Ausfällung der Partikel und mit Niederschlägen in den Boden, wobei Regen hauptsächlich Teilchen mit mehr als 2 mm Durchmesser ausfällt. Kleinere Partikel folgen der Luftströmung (SCRIVEN und FISHER 1975).

Klimatische Faktoren machen sich bemerkbar, z. B. bei der Ausbildung von Inversionsschichten vom Boden her in klaren oder nur leicht bewölkten Nächten mit geringer Luftbewegung. Luftverunreinigungen, die in diese Schichten gelangen, können hohe Konzentrationen erreichen. Allgemein sinkt der Luftbleigehalt in Straßennähe mit steigender Windgeschwindigkeit und Lufttemperatur sowie abnehmender Kraftfahrzeugdichte (Chow und Earl 1970).

Der Eintrag verkehrsbedingter Emissionen in der näheren Umgebung stark frequentierter Straßen hängt auch ab von deren topographischer Lage. Bei verstärktem Abwind ist die Menge der aus einem vertieften Straßenbett abgewehten Aerosole beträchtlich niedriger als aus einem ebenen oder erhabenen (Feeney u. Mitarb. 1975). Auf der Luv-Seite ist die Bleiverteilung keine Funktion der Distanz von der Straße; die Bleiablagerungen sind niedriger als auf der Lee-Seite (Fidora 1972).

Die Bleimenge im Straßenrandboden wird erheblich bestimmt von dem Alter des Verkehrsweges.

Die Tab. 2 gibt einen Vergleich der Bleikontamination in der Umgebung einer stark befahrenen Straße (Autobahn) und entsprechenden industriellen Immissionen.

Kraftverkehrsbedingte Emissionen von Kadmium sind auf Gehalte in Benzin und insbesondere im Dieselkraftstoff zurückzuführen. Diäthyl-kadmium dient zur

Tabelle 2

Blei an Graskulturen am Rande eines Autobahnteilstückes im Vergleich zu industriellen Immissionen nach Scholl (1974)

Standort der Probenahme — Entfernung von Autobahnrand in m —	Durchschnittliche Pb-Gehalte in mg Pb/kg Tr. S
1	74,0
15	23,8
25	18,1
50	17,6
100	16,5
Standort in einem ländlichen Raum	8,2
Standort in einem Industriegebiet	8,3···35,5
Standort 300 m entfernt von einer Zinkhütte	24,0

Blei-tetraäthyl-Produktion (ANKE 1975). Weitere Kontaminationsmöglichkeiten sind gegeben durch Reifenabrieb. Bei der Reifenproduktion wird Zinkäthylen-bis-dithiocarbamat (im Pflanzenschutz bekannt unter der Kurzbezeichnung Zineb) als Vulkanisationsbeschleuniger verwendet. Zinkoxid wird bei der Reifenherstellung benutzt (DAVID und WILLIAMS 1975), Kadmiumselenid erhöht den Abriebwiderstand von Kautschuk. Technische Zinkverbindungen sind stets mit Kadmium verunreinigt (DAVID und WILLIAMS 1975). Aus Arbeiten von LAGERWERFF und SPECHT (1970) und LAGERWERFF (1971) geht hervor, daß der Kadmiumgehalt des Bodens entlang der Autobahn ansteigt.

Zink gelangt in die Straßenumgebung durch Autoreifenabrieb (BRUEGGEMANN und BOEHNCKE 1975). Allein in der Stadt München werden pro Jahr etwa 7000

Tabelle 3

Kadmium-Gehalte des Bodens in unmittelbarer Nachbarschaft einer Autobahn

Entfernung von der Autobahn	Gehalt des Bodens in ppm			
8 m	1,45	0,94	0,90	1,82
16 m	0,40	0,68	0,77	1,51
32 m	0,22	0,24	0,68	1,02

Tabelle 4

Kadmium an Graskulturen am Rande eines Autobahnteilstückes im Vergleich zu industriellen Immissionen nach SCHOLL (1974)

Standort der Probenahme – Entfernung von Autobahnrand in m –	in mg Cd/kg Tr. S Durchschnittliche Cd-Gehalte
1	0,50
15	0,30
25	0,20
50	0,30
100	0,30
Standort in einem ländlichen Raum	0,42
Standort in einem Industriegebiet	0,40···1,15
Standort 300 m entfernt von einer Zinkhütte	2,62

Tonnen Gummistaub von Autoreifen abgerieben und in die Luft gewirbelt (GRÄFF und SPEGELE 1972). Gummifertigerzeugnisse enthalten bis zu 3% Zink o. Verf.[1] 1973). Untersuchungen von SCHOLL (1974) zufolge sind die Aufnahmeraten einer standardisierten Graskultur in 1 m Entfernung von einem Autobahnteilstück etwas höher als am Vergleichsstandort in einem ländlichen Gebiet.

Tabelle 5

Zink an Graskulturen am Rande eines Autobahnteilstückes im Vergleich zu industriellen Immissionen nach SCHOLL (1974)

Standort der Probenahme – Entfernung von Autobahnrand in m –	Durchschnittlicher Zink-Gehalt in mg Zn/kg Tr. S.
1	107,7
15	86,1
25	77,6
50	86,3
100	92,1
Standort in einem ländlichen Raum	73,1
Standort in einem Industriegebiet	66,2···147,1
Standort 300 m entfernt von einer Zinkhütte	1017

Auch Asbest-Partikel gelangen in die unmittelbare Umgebung von Straßen durch Abrieb der Bremsbeläge (MENDE 1976). Der Abrieb von Straßen wird durch Verwendung von Spikes-Reifen bei gleicher Fahrstrecke gegenüber Normalreifen vervielfacht.

Ruß ensteht bei der unvollständigen Verbrennung der Kraftstoffe. An solchem feinverteilten Kohlenstoff in Flockenform können andere luftfremde Stoffe adsorbiert sein. Insgesamt emittieren Ottomotoren je 1000 l Treibstoff etwa 1,4 kg Feststoffe, Dieselmotoren etwa 13,2 kg (o. Verf. 1974).

Zu den gasförmigen Emissionen gehört das Schwefeldioxid; der Ausstoß von Ottomotoren je 1000 l Treibstoff liegt bei 1,1 kg, der von Dieselmotoren bei 4,8 kg (o. Verf. 1974).

[1] Ohne Verfasser Im folgenden immer o. Verf.

In einer Ammoniak-Schwefeldioxid-Wasser-Luft-Gasphasenreaktion wird Ammoniumsulfat gebildet. Bei Sonnenlichteinwirkung entstehen aus Schwefeldioxid in einer photolytischen Oxydationsreaktion Schwefelsäureaerosole. Nach HAMMJE u. Mitarb. (1975) sind Olefine, Stickstoffdioxid, Schwefeldioxid und UV-Strahlung notwendig. Beschleunigt wird die Schwefelsäurebildung durch Kohlenwasserstoffe und Stickstoffdioxid bzw. -monoxid. Ozon reagiert nur sehr langsam mit Schwefeldioxid und beschleunigt erst bei Gegenwart von ungesättigten Kohlenwasserstoffen die Oxydation. Dabei entstehen peroxidische Zwischenprodukte, die letztlich die Oxydation bewirken.

Phytotoxische Kombinationseffekte von Schwefeldioxid mit Schwermetallen werden u. a. von ARNDT (1974) beschrieben. Von verschiedenen Autoren werden dem Schwefeldioxid die folgenden Wirkungen zugesprochen:

Bei Laubgehölzen vorzeitiger Chlorophyllabbau, Stoffwechselstörungen mit Minderung des Photosynthese-Wirkungsgrades, vorzeitige Alterung der Blätter, Verlangsamung der Kohlendioxid-Aufnahme u. a. m.

Am Eintrag von *Kohlenmonoxid* in die Biosphäre durch anthropogene Verbrennungsprozesse ist das Kraftfahrzeug zu etwa 85% beteiligt. Im Abgas ist Kohlenmonoxid bei Ottomotoren zu 1–10% enthalten. Ottomotoren erzeugen etwa 274 kg Kohlenmonoxid pro 100 Liter Treibstoff, Dieselmotoren 7,1 kg pro 1000 Liter (o. Verf. 1974). Bei einer Geschwindigkeitszunahme des Verkehrsflusses von 15 auf 90 km/h ist eine 70 bis 80%ige Reduktion der Emission zu verzeichnen. Ergebnissen von PASK (1975) zufolge werden die größten Mengen bei Leerlauf, beim Aufwärmen und unter den Bedingungen der Beschleunigung abgegeben.

Die Aufenthaltsdauer in der Troposphäre beträgt etwa 0,3 Jahre. Stratosphäre (Oxydation bei Gegenwart atomaren Sauerstoffs zu Kohlendioxid) und Erdboden (gewisse Bodenbakterien scheinen zur Oxydation von Kohlenmonoxid zu Kohlendioxid in der Lage zu sein) stellen die hauptsächlichen Senken für Kohlenmonoxid dar.

Kohlendioxid ist in den Auspuffgasen zu etwa 6,5 bis 13% enthalten (ISRAEL und ISRAEL 1973).

Als mittelbare Emittenten der *Kohlenwasserstoffe* spielen die Kraftfahrzeuge (unvollständige Verbrennung von Kohlenwasserstoffgemischen bei der Energieerzeugung und Ausbleiben der Verbrennung) eine wesentliche Rolle. Ottomotoren erzeugen etwa 24 kg und Dieselmotoren etwa 16 kg Kohlenwasserstoffe pro 1000 l Treibstoff (o. Verf. 1974). Kohlenwasserstoffe sind im Abgas zu 0,02–0,8% enthalten. Bei einer Geschwindigkeitszunahme des Verkehrsflusses von 15 auf 90 Stunden-km ist eine 70–80%ige Reduktion der Emission zu verzeichnen (ISRAEL und ISRAEL 1973).

Die emittierten Kohlenwasserstoffe können den folgenden Substanzklassen zugeordnet werden:

- Paraffine
- Naphthene
- Olefine und Alkine

— Aromaten
— Oxydierte Kohlenwasserstoffe.
Die Kohlenwasserstoffimmissionen üben nachteilige Wirkungen aus:
— durch die eigene Toxizität
— durch Kombinationseffekte mit anderen Schadstoffen
(z. B. Stickstoffdioxid und Olefine)
— durch Beteiligung an der Bildung von Oxydantien.

Ein hoher Gehalt an unverbrannten Kohlenwasserstoffen fördert die Aerosolbildung (o. Verf. 1974).

Innerhalb der Fraktion der emittierten *Paraffine* wurden die folgenden Substanzen nachgewiesen:

Methan; Äthan; Propan; n-Butan; i-Butan; n-Pentan; i-Pentan; n-Hexan; 2,2-Dimethylbutan; 2,3-Dimethylbutan; 2-Methylpentan; 3-Methylpentan; n-Heptan; 2,2,3-Trimethylbutan; 2,2-Dimethylpentan; 2,3-Dimethylpentan; 2,4-Dimethylpentan; 3,3-Dimethylpentan; 2-Äthylpentan; 2-Methylhexan; 3-Methylhexan; n-Oktan; 2,2,3-Trimethylpentan; 2,2,4-Trimethylpentan; 2,3,4-Trimethylpentan; 2,2-Dimethylhexan, 2,3-Dimethylhexan; 2-Methylheptan; 3-Methylheptan; 4-Methylheptan; n-Nonan; 2,2,5-Trimethylhexan (o. Verf. 1974).

In Verbindung mit Stickoxiden bei Bestrahlung zeigen Paraffine nur geringe oder keine Neigung zur Aerosolbildung.

Zu den in der Fraktion der *Naphthene* nachgewiesenen Substanzen gehören:

Cyclopentan; Methylcycloptentan; Cyclohexan; Methylcyclohexan; Äthylcyclohexan; Cyclohexan; 1-Methylcyclohexan (o. Verf. 1974).

Zu emittierten *Olefinen* und *Alkinen* gehören:

Äthylen; Propylen; 1,3-Butadien; Buten-(1); Buten-(2); i-Buten; 2-Methyl-1,3-butadien; 1,3-Pentadien; Penten-(1); Penten-(2); Methyl-buten-(1); 2-Methyl-buten-(2); 2-Methylbuten-(3); Hexen-(1); Hexen-(2); Hexen-(3); 2-Methylpenten-(1); 2-Methyl-penten-(2); 3-Methyl-penten-(2); 2-Methylpenten-(3); 3-Methyl-penten-(2); 2-Methyl-penten-(4); 2-Äthyl-buten-(1); 2,3-Dimethyl-buten-(1); 2,3-Dimethyl-buten-(2); Hepten-(1); Hepten-(3); 2-Methyl-hexen-(4); 2-Methyl-hexen-(5); 3,4-Dimethyl-penten-(1); 3,4-Dimethylpenten-(2); 2,3,3-Trimethyl-buten-(1); Okten-(1); Okten-(2); 2-Äthyl-hexen-(1); 2,3-Dimethylhexen-(2); 2,4,4-Trimethylpenten-(1); 2,4,4-Trimethyl-penten-(2); 2,6-Dimethylhepten-(3); Acetylen; Propin; Propadin (o. Verf. 1974).

Bei dieser Körperklasse handelt es sich um reaktionsfreudige Substanzen. Während der Ausbreitung kann es zu verschiedenen Reaktionen kommen. Bei der Entstehung des photochemischen Smogs wirken Olefine und Alkine als Katalysatoren. Als Folge der photochemischen Reaktion tragen insbesondere höhere Olefine zur Aerosolbildung bei.

Alkene (Äthylen z. B.) haben Bedeutung als Wachstumshemmstoff bei Pflanzen (o. Verf. 1975 b).

Zu den *aromatischen Kohlenwasserstoffen* gehören:

Benzol; Toluol; o-Xylol; m-Xylol; p-Xylol; Äthylbenzol; n-Propylbenzol; i-Propylbenzol; 1,2,4-Trimethylbenzol; 1,3,5-Trimethylbenzol:

ferner die *polyzyklischen Aromaten:*

Fluoren; 2,3-Benzfluoren; Phenanthren; Anthracen; 1,2-Benzanthracen; 1,2,5,6-Dibenzanthracen; Fluoranthen; Alkylfluoranthen; Dialkylfluoranthen; 3,4-Benzfluoranthen; 10,11-Benzfluoranthen; 11,12-Benzfluoranthen; Pyren; Alkylpyren; Benz(e)pyren; 4,5-Benz(a)pyren; Alkyl-benz(a)pyren; Dibenzpyren; Chrysen; Alkylchrysen; Triphenylen; Perylen; Benzperylen; Indenol-(1,2,3-ad)fluoranthen; Indenol-(1,2,3-od)pyren; Benz (mno)fluoranthen; Coronen (o. Verf. 1974).

Im Normalbenzin sind bis zu 45% und im Superbenzin bis zu 60% Aromaten enthalten. Eine Abschätzung bzw. Berechnung der Emission aus der Benzinzusammensetzung kann allerdings nicht abgeleitet werden. Der unmittelbar aus dem Benzin entstammende Anteil der niedrigeren Aromaten dürfte weit geringer sein und der sekundär gebildete meist ausschlaggebend. Benzol kann u. a. durch Dealkylierung höherer Aromate entstehen.

Die Abhängigkeit der emittierten Aromaten im Abgas unter verschiedenen Betriebsbedingungen bei Verwendung von Benzin mit im Gehalt 30% Aromaten, 10% Olefinen, 60% Paraffinen stellt die Tabelle 6 dar.

Polyaromaten sind hauptsächlich in der Rußkomponente der Abgase enthalten (Fritz und Engst 1971). Benz (a)pyrene (BaP) entstehen bei Verbrennungsvorgän-

Tabelle 6

Emission von Aromaten aus dem Kraftfahrzeug bei verschiedenen Betriebsbedingungen

	Leerlauf	Gleichfahrt von 50 km/h	Beschleunigung von 25—50 km/h	Verzögerung auf 50—35 km/h
Benzol	35 ppm	17 ppm	20 ppm	185 ppm
Toluol	158 ppm	81 ppm	84 ppm	1 380 ppm
Xylole + Äthylbenzol	50 ppm	25 ppm	26 ppm	371 ppm
höhere Aromaten	78 ppm	34 ppm	36 ppm	375 ppm

gen, die unvollständig ablaufen. Von einem Ottomotor werden etwa 0,072 mg BaP bei der Verbrennung von 1 l Benzin emittiert.

UV-Strahlung zerstört die BaP. Aromaten zeigen in Verbindung mit Stickoxiden bei Bestrahlung nur geringfügige oder keine Neigung zur Aerosolbildung (o. Verf. 1974).

Innerhalb der Fraktion *oxydierter Kohlenwasserstoffe* wurden die folgenden Substanzen nachgewiesen:

— *Aldehyde*
Formaldehyd; Acetaldehyd; Propionaldehyd; n-Butyraldehyd; i-Butyraldehyd; n-Valeraldehyd; i-Valeraldehyd; Pivalaldehyd; Acrolein; Crotonaldehyd; Benzaldehyd; Salicylaldehyd (o. Verf. 1974)

— *Epoxide*
Äthylenoxid; Propylenoxid (o. Verf. 1974)

— *Ketone*
Aceton; Butanon-(2); 3-Methyl-butanon; 1-Methyl-isobutylketon (2-Methylpentanon); Pentanon-(2); Pentanon-(3); 3-Buten-2-on (Anisalaceton) (o. Verf. 1974)

— *Alkohole*
Methanol; Äthanol; n-Propanol; i-Propanol; sek.-Butanol-(1); (o. Verf. 1974)

— *Acetale*
Dimethoxymethan; (Formaldehyd-dimethylacetal); 1,1-Dimethoxyäthan (Acetaldehyd-dimethylacetal); (o. Verf. 1974)

— *Furane*
Furan; 2,5-Dimethylfuran (o. Verf. 1974)

— *Phenole*
Phenol; o-Kresol; m-Kresol; p-Kresol; ferner geringe Mengen an 2,4-Dimethylphenol (2,4-Xylenol); 2,5-Dimethylphenol (2,5-Xylenol); 3,5-Dimethylphenol (3,5-Xylenol); 2,3,5-Trimethylphenol (o. Verf. 1974)

Die oxydierten Kohlenwasserstoffe machen mengenmäßig etwa 5% der gesamtemittierten organischen Substanzen aus.

— *Schwebstoffe*
Schwebstoffe bestehen aus kondensierten Kohlenwasserstoffen und Blei. Die durchschnittliche Schwebstoffemission beträgt etwa 0,2 bis 3,2 mg/g Treibstoffverbrauch (Israel und Israel 1973).

Die bei der Arbeit der Motoren erzeugten Temperaturen reichen aus, um einen geringen Teil des Luftstickstoffs zu oxydieren. *Stickoxide* sind bis zu 0,4% im Abgas enthalten. Ottomotoren erzeugen etwa 13,5 kg Stickoxide, Dieselmotoren 26,4 kg pro 1000 l Treibstoff (o. Verf. 1974). Bestrebungen zur Kohlenmonoxid- und Kohlenwasserstoff-Emissionsminderung tragen zur Erhöhung der Stickoxid-Emission bei (Pask 1975).

Leithe (1968) ermittelte in Kraftfahrzeugabgasen *Stickstoffmonoxid*-Konzentrationen bis zu 5000 mg pro m^3. Die Oxydation zu *Stickstoffdioxid* verläuft bei den in der Atmosphäre vorhandenen Stickstoffmonoxid-Konzentrationen langsam; Stickstoffmonoxid und Stickstoffdioxid kommen nebeneinander vor. Stickstoffmonoxid zeigt im Tagesgang eine recht enge zeitliche Korrelation zum Verkehrsgeschehen, Stickstoffdioxid bleibt dagegen relativ konstant (Lies 1970).

Ein geringer Teil des bei der Verbrennung im Ottomotor primär gebildeten Stickstoffmonoxids oxydiert bereits während der Verdünnung im Auspuffsystem, der Hauptanteil jedoch im Rahmen photochemischer Oxydationsprozesse mit Kohlenwasserstoffen unter Einwirkung des Sonnenlichts in der freien Atmosphäre. Stickstoffdioxid steht im Gleichgewicht mit seinem Dimeren, dem *Distickstofftetroxid.* Distickstofftetroxid reagiert mit Wasser unter Bildung salpetriger- und Salpetersäure. Stickstoffdioxid bildet mit Wasser Salpetersäure und Stickstoffmonoxid (o. Verf. 1974).

Nach Jost und Rudolf (1974) erfolgt während der Sommermonate offenbar eine rasche Oxydation des Stickstoffmonoxids zu Stickstoffdioxid, so daß im Tagesmittelwert das Stickstoffmonoxid etwa die Hälfte des Stickstoffdioxids beträgt und umgekehrt im Herbst und Winter kaum noch eine Stickstoffmonoxid-Oxydation stattfindet. Da sowohl Stickstoffmonoxid als auch Stickstoffdioxid an photochemischen Reaktionen in der Atmosphäre beteiligt sind, werden Stickoxidkonzentrationsschwankungen durch Sonneneinstrahlung verursacht. Mit zunehmendem Stickoxid-Gehalt nimmt die Aerosolbildung zu (bis zu einem Optimum) (o. Verf. 1974).

Endprodukt der Stickoxid-Reaktionskette ist letztendlich das Nitration (Möller 1975). Jost und Rudolf (1974) schätzen die mittlere Aufenthaltsdauer des Stickstoffdioxids in der freien Atmosphäre auf 4 Tage. Stickstoffdioxid wird in atmosphärischen Konzentrationen durch Regen weniger effektiv ausgewaschen als Schwefeldioxid.

Feldman (1974) widmet dem Stickstoffdioxid besonderes Augenmerk, da es, wie Pell und Brennan (1975) bestätigen, phytotoxische Wirkung zeigt.

Peroxyacetylnitrat und ähnliche Peroxyacylverbindungen, einige Alkylhydroperoxide sowie weitere mit ihnen entstandene Verbindungen gehören zu den *Sekundärprodukten* der *Kraftfahrzeugabgase.* Sie entstehen in der Atmosphäre unter der Einwirkung kurzwelliger Sonneneinstrahlung aus dem Zusammenwirken von Oxiden des Stickstoffs mit reaktiven Kohlenwasserstoffen und werden als *Photooxydantien* bezeichnet (o. Verf. 1974). Nach Pask (1975) sind es insbesondere unverbrannte Kohlenwasserstoffe, die bei der Bildung den einen Ausgangsstoff darstellen. Neben den erwähnten stabileren Hauptkomponenten der Oxydantien entstehen labile hochaktive Zwischenprodukte wie Ozonide, Peroxide und organische Radikale, die Kettenreaktionen einleiten können. Ursprünglich vorhandenes Stickstoffmonoxid reagiert mit Sauerstoff zu Stickstoffdioxid. Die Anwesenheit von Kohlenwasserstoffen katalysiert diese sehr langsam ablaufende Reaktion. Sobald die höchste Stickstoffdioxid-Konzentration erreicht ist, beginnt bei gleichzeitig beschleunigtem Verbrauch von Kohlenwasserstoffen die Oxydantienbildung. Das Erscheinen nennenswerter Ozon-Konzentrationen ist erst dann möglich, wenn der Stickstoffmonoxid-Gehalt auf ein Minimum gesunken ist, da Stickstoffmonoxid stets sofort mit Ozon weiter reagiert zu Stickstoffdioxid und Sauerstoff. Hohe Stickstoffmonoxid-Konzentrationen können nicht mit hohen Ozon-Konzentrationen zusammenfallen, da die hohe Affinität dieser beiden Stoffe zueinander dies ausschließt. Zusätzlich zum atomaren Sauerstoff und Ozon oxydieren auch hochreaktive oxydierte Kohlenwasserstoff-Verbindungen das entstehende Stickstoffmonoxid laufend wieder zu Stickstoffdioxid (o. Verf. 1974).

Messungen der verkehrsbedingten Ozon-Bildung in der BRD erbrachten den folgenden Tagesgang:

Mit der Abnahme der Stickstoffmonoxid-Konzentration in den frühen Mittagsstunden setzt die Ozon-Bildung ein. Diese erreicht während der Sommermonate bei maximaler Sonneneinstrahlung die höchste Konzentration (Jost und Rudolf 1974). Die Aerosolbildung ist der Oxydantienkonzentration direkt proportional.

Durch die Aggressivität der Verbindungen werden vor allem Kunststoffe mit C-C-Doppelbindungen, wie Synthese-Kautschuk, angegriffen. Es entstehen Haarrisse an Autoreifen, Isoliermaterial und Kunststoffgegenständen. Auch Textilien und Farbstoffe werden zerstört.

Oxydantien haben eine ausgeprägte phytotoxische Wirkung, die in zunehmendem Maße größere wirtschaftliche Schäden — durch Ertrags- und Qualitätsminderung bei Nutzpflanzen — verursacht. Tabak gilt als biologischer Indikator (o. Verf. 1974).

Zur Feststellung der Kontaminationsmöglichkeiten von Kulturpflanzen durch verkehrsbedingte Abprodukte ist eine Klärung der *Pflanzenaufnehmbarkeit* erforderlich. Diese Analyse soll sich auf Blei und Kadmium beschränken, da diese Schwermetalle entsprechend ihren toxischen Eigenschaften und dem Verhalten innerhalb von Nahrungsketten besonders interessant erscheinen.

Das in die Atmosphäre gelangte gut wasserlösliche *Bleichlorbromid* wird vor allem in schweren Böden vom Tonhumuskomplex sorbiert, oder es reagiert mit Carbonat- bzw. Sulfationen zu schwerlöslichen Verbindungen. In diesem Zustand ist eine Aufnahme von Blei über das Wurzelsystem und ein Weitertransport in oberirdische Pflanzenteile nicht anzunehmen (Matthes 1972, Quarles u. Mitarb. 1974). Zunehmende Azidität des Bodens begünstigt Bleiaufnahme und -translokation, während steigende Alkalität die Löslichkeit des Bleis und dessen Absorption durch die Wurzeln erschwert, wobei Nährstoffverhältnisse eine bedeutende Rolle spielen (o. Verf. 1974).

Aus dem Blattbelag werden bei feuchter Witterung lösliche Bleigehalte (Kreeb 1974) ins Gewebe inkorporiert entsprechend der Blattfläche (Höll und Hampp 1975).

In Modellversuchen konnte nachgewiesen werden, daß eine umgekehrte Relation existiert zwischen dem Bleigehalt und der Wachstumsintensität. Während der verstärkten Wachstumsperiode im Frühjahr nimmt das Verhältnis Bleimenge pro Trockengewicht ab. Mit fortschreitender Differenzierung der Pflanzengewebe wächst dieser Quotient; das Maximum ist erreicht im Winter (oder besser während der Zeit des Wachstumsaufschubs, d. h. der Ernte) (Höll und Hampp 1975). So fanden Page und Joshi (1971), daß Tomatenfrüchte in Straßennähe mit zunehmendem Reifegrad einen ständigen Anstieg des Bleigehaltes zu verzeichnen haben. Beim Flughafen (Avena fatua) wurde von Raines (1971) der höchste Bleigehalt im Winter festgestellt.

Die Konzentration des Bleis im Boden ist von Bedeutung für das Pflanzenleben-(-alter) (Tso u. Mitarb. 1966).

Nach Kreeb (1974) bewirkt Blei eine Minderung der Produktionsleistung oft ohne äußerlich sichtbare Zeichen.

Hodenberg und Fink (1975) nehmen an, daß bei Haferpflanzen nicht die phytotoxische Wirkung des Bleis zu Ertragsminderungen führt, sondern die mit dem Blei zugeführten Chlorid- und Nitrationen.

Innerhalb der Pflanzenspezies ist gegenüber Blei sowohl Resistenz wie auch Empfindlichkeit zu finden. Die im Vergleich zu bestimmten Bleikonzentrationen bestehende Resistenz, die offenbar darauf beruht, daß die Pflanzen über die Fähigkeit verfügen, die Metallionen in Chelatform zu binden, scheint genetisch fixiert zu sein (Briggs 1972). Als resistent gelten:

Thalaspi alpestre; Lychnis alpina; Rumex acetosa; Arabis halleri; Agrostis vulgaris; Agrostis tenuis; Festuca ovina; Armeria maritima; Calamagrostis epigeios; Viola lutea; Silene maritima; Deschampsia flexuosa (nach verschiedenen Autoren).

Direkte Begasung von Nutzpflanzen mit bleihaltigen Kraftfahrzeugabgasen hatte nur bei längerer kontinuierlicher Einwirkung einen Adaptationseffekt zur Folge. Bei Adaptationsversuchen zeigten bei relativ geringer atmosphärischer Verschmutzung aufgewachsene Pflanzen zunächst einen hochsignifikanten Wachstumsrückstand (Steeken 1973).

Kloke (1972) schlägt vor, zur Vermeidung überhöhter Bleigehalte in Kulturpflanzen bei Unberücksichtigung von Windrichtung und Windstärke eine schematische Einteilung der Umgebung stark befahrener Straßen in die folgenden Zonen unterschiedlich starker Belastungsstufen vorzunehmen:

I: 50 m-Streifen beiderseits stark befahrener Straßen (Möglichkeit verstärkter und akuter Immissionsschäden).

II: Gebiet von 50—100 m beiderseits stark befahrener Straßen, wo akute Schädigungen durch verkehrsbedingte Immissionen in der Regel nicht eintreten, falls dort nicht perennierende Kulturen mit der Möglichkeit von Dauerbelastungen stehen.

III: Zone außerhalb der 100 m-Marke beiderseits stark befahrener Straßen, wo nur in Sonderfällen in Abhängigkeit von Windrichtung und -stärke erhöhte Gehalte an Fremdstoffen oder phytotoxische Schäden registriert werden.

Wir sind jedoch der Auffassung, daß eine so schematisch-restriktive Handhabe weder den ökonomischen noch den ökologisch-toxikologischen Bewertungskriterien gerecht wird. Vielmehr sollte geklärt werden, wie weit beeinflußbare Faktoren, wie z. B. eine geeignete Straßenrandbebauung in der Lage ist, verkehrsbedingte Emissionen abzufangen und so Kontaminationen des Bodens und der Pflanzen vorzubeugen.

Die Tendenz zur Aufnahme löslichen *Kadmiums* aus dem Boden entspricht etwa dem Zink und übertrifft die von Blei, was auch in Modellversuchen mit Nährlösungen bestätigt werden konnte (o. Verf. 1973, SANTILLAN-MEDRANO und JURINAK 1975). Calcium z. B. als Calciumcarbonat setzt die Kadmiumaufnahme herab (CHA und KIM 1975, SCHÖNBECK 1974). Offenbar ist auch das Zink-Kadmium-Verhältnis im Substrat für das Ausmaß der Kadmiumaufnahme von Bedeutung (SANDSTEAD 1974). Bei Modellversuchen mit Nährlösungen fanden PAGE und BINGHAM (1973), daß bei einer Konzentration von 0,1 µg löslichen Kadmiums pro ml Nährlösung (0,1 ppm) nach 3 Wochen in den Blättern von Roten Beeten 280 ppm und in Bohnenblättern 9 ppm Kadmium akkumuliert waren. Bei Nährlösungen mit 10 µg Kadmium pro ml (10 ppm) enthielten Blätter von Tomatenpflanzen nach 3 Wochen 1,122 ppm und Gerste-Pflanzen 175 ppm Kadmium.

In der Tab. 7 sind die Akkumulationsraten von Kadmium bei Grenzwerten der Wachstumsminderung aufgeführt.

Tabelle 7

Grenzkonzentrationen der Wachstumsminderung durch Kadmium ermittelt im Modell versuch (PAGE und BINGHAM 1973)

Pflanzenart	Konzentration an löslichem Cd in der Nährlösung bzw. im Blattgewebe, bei der eine 50%ige Wachstumsminderung eintritt		Schadsymptome
	ppm Cd in der Nährlösung	ppm Cd im Blattgewebe	
Kohl	9,0	800	—
Tomate	4,8	570	Chlorose
Gerste	5,6	120	—
Mais	1,2	230	rot-orange Färbung d. Blatt-ränder, Nekrosen, Chlorose
Salat	0,9	320	Chlorose
Rote Beete	0,2	290	Welke
Feldbohne	0,2	22	Welke
Rübe	0,2	290	Chlorose

Über die Luft erfolgt eine Aufnahme wasserlöslicher Kadmiumverbindungen je nach der Partikelgröße über die Spaltöffnungen, möglicherweise wird die Epidermis auch direkt passiert (Köning 1974). Da auch Kadmiumverbindungen in saurem Milieu leichter wasserlöslich sind, dürften ihrer Wirkung nach saure Emissionen (Schwefeloxide, Stickoxide usw.) und ihre Reaktionsprodukte die Tendenz zur Penetration in das Pflanzeninnere erhöhen. Innerhalb der Pflanze ist Kadmium leicht mit dem Saftstrom transportierbar (Kloke 1971).

Im Kreis Jena fand Anke (1975), daß insbesondere blattreiches Gemüse und blattreiche Grünfuttermittel kadmiumhaltig sind. Dies wurde u. a. auch an Mais, Rübenblatt und Hafer im Kreis Freiberg bestätigt.

Zu Unrecht nur wenig Beachtung findet zumeist der *unsachgemäße Transport von Abprodukten,* wobei die Ladung in z. T. erheblichen Mengen verlorengeht und gleichfalls auf Kulturpflanzen gelangen kann. Wir haben hierfür als eklatantes Beispiel den unsachgemäßen Transport von insektizid inaktiven HCH-Isomeren über ländliche Straßen zur Deponie angeführt (Heinisch 1975). Hier kam es zur Kontamination von Futtermitteln und hierdurch indirekt der Milch mit α-, β- und γ-HCH. Schließlich wurde die Transporttechnologie verändert und diese Kontaminationsquelle beseitigt.

Die *Veränderung des Habitats von freilebendem Wild* durch die Anlage von Straßen hat primär sehr augenfällige Wildverluste zur Folge, sekundär aber offenbar eine Anpassung der meisten Arten auf die neuen Gegebenheiten. So verändert sich die Lebensweise z. B. von Rehwild dahingehend, daß dieses in zunehmendem Maße aus dem Wald in das freie Feld umzieht, wo es — offenbar begünstigt durch die Veränderungen in der Technologie der Pflanzenproduktion, insbesondere durch die Vergrößerung der Schläge bessere Einstandsgebiete findet. Die Tab. 8 gibt einen Überblick des Wildbestandes der DDR etwa für das vergangene Jahrzehnt, das mit Ausnahme des Hasen durchweg einen Anstieg der Stückzahlen ausweist, woraus zum mindesten der Schluß gezogen werden darf, daß alle anderen Maßnahmen zur Hege und Förderung des Wildbestandes einen stärkeren Einfluß hatten, als das Wildsterben auf der Straße, eben mit Ausnahme des Hasen.

Tabelle 8

Übersicht des Wildbestandes der DDR in den Jahren 1966—1974 (aus Statistische Jahrbücher der DDR)

Wildart	Stückzahl im Jahr			
	1966	1967	1970	1974
Rotwild	12 000	13 200	12 900	18 900
Damwild	5 400	5 800	5 800	11 380
Rehwild	181 400	206 000	234 900	267 100
Muffelwild	1 300	1 300	1 700	2 400
Schwarzwild	16 500	21 100	23 700	26 480
Hasen	418 200	429 800	409 200	317 940

An Straßenrändern wachsende Bäume und Sträucher, deren ökologische Bedeutung im nächsten Vortrag gewürdigt werden soll, bilden in zunehmendem Maße eine ideale Ernährungsbasis für die Raupe des Schmetterlings Goldafter (Euproctis chrysorrhoea). Ihre Lebenstätigkeit äußert sich einmal in starken Schädigungen der Gehölze, die bis zum Kahlfraß und Absterben führen kann. So können die nestartigen Gespinste an teilweise oder gänzlich kahlen Bäumen am Straßenrand immer häufiger beobachtet werden. Weiterhin stoßen die Raupen Nesselhaare ab, die zu lästigen und schmerzhaften Hauterkrankungen führen. Erhebungen in einem ausgewählten Kreis der DDR (Eisleben) ergaben, daß bei unzureichender Bekämpfung im Durchschnitt jährlich etwa 3000 Krankschreibungen mit entsprechenden Arbeitszeitausfällen registriert werden. Eine *Bekämpfung von Euproctis chrysorrhoea* ist also als Seuchenhygiene-Aktion anzusehen und schützt zugleich die Straßenrandgehölze. Bis Ende der sechziger Jahre erfolgte sie durchweg mit DDT-Lindan-Präparaten, von 1970 bis 1975 in zunehmendem Maße mit den ökologisch und toxikologisch sehr günstig einzuschätzenden Präparaten auf der Basis der Toxine von Bacillus Thuringiensis.

Diese ersten echten Biopräparate haben jedoch z. Z. noch ungünstige physikalische Eigenschaften, so daß sie nicht vom Hubschrauber aus appliziert werden können und durch Mittel mit dem ökologisch und toxikologisch nicht vergleich-

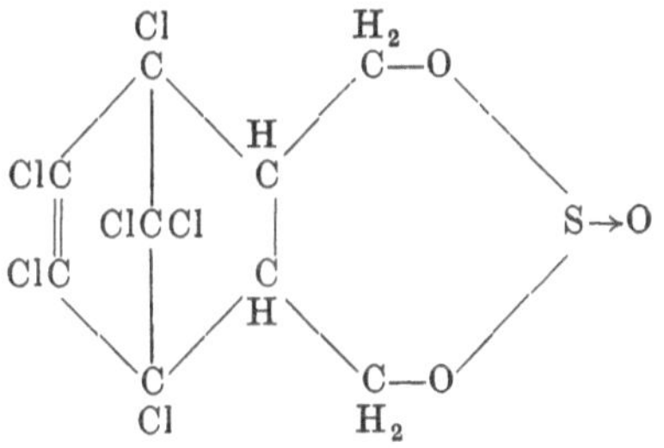

6,7,8,9,10,10-Hexachlor-1,5,5a,6,9,9a-hexahydro-6,9-methano-2,4,3-benzo[e]-dioxathiepin-3-oxid Endosulfan
Wasserlöslichkeit: sehr gering
Dampfdruck: 9×10^{-3} Torr (80 °C)
Chemische Reaktivität: Tendenz zur langsamen Hydrolyse in Gegenwart von Säuren und Basen, empfindlich gegenüber Oxydationsmitteln.
Persistenz im Boden: gering
Toxizität: LD_{50} Ratte p.o.: 40 bis 110 mg/kg, Katze: 2 mg/kg, LD_{50} Kaninchen p.c.: 360 mg/kg; geringe Tendenz zur Speicherung in Organen und Geweben sowie zur Exkretion mit der Milch; renale Ausscheidung wasserlöslicher Metabolite.
Metabolismus: Hydrolyse zu schwefliger Säure und Endosulfandiol (LD_{50} Ratte p.o. > 15 000 mg/kg) sowie zum Endosulfandiäther.
Rückstände an Pflanzen: Relativ langsamer Ab- und Umbau zum Diol und Diäther, nach 30 Tagen ist der Toleranzwert durchweg unterschritten.
Sonstige Bemerkungen: Extrem hohe Fischtoxizität

Abb. 1 Endosulfan

baren Endosulfan ersetzt werden. Die wichtigsten physikalischen, chemischen und toxikologischen (einschließlich der ökotoxikologischen) Eigenschaften von Endosulfan sind in der Abb. 1 zusammengestellt.

Bemerkenswert ist vor allem die extrem hohe Fischtoxität, die bei Anwendungen in Gewässernähe besonders zu beachten ist. Desgleichen muß auch die beträchtliche Persistenz der Rückstände an pflanzlichem Erntegut hervorgehoben werden. Letztere ist vor allem im Zusammenhang mit dem Anwendungstermin (Mitte April bis Ende Mai) zu sehen. Auch für diesen insektiziden Wirkstoff wurden Toleranzwerte sowie Karenzzeiten zu ihrer Einhaltung bzw. Unterschreitung erlassen. Diese haben ihren Geltungsbereich jedoch nur für die Landwirtschaft und den Gartenbau, wo auch eine allgemein gut funktionierende Kontrolle

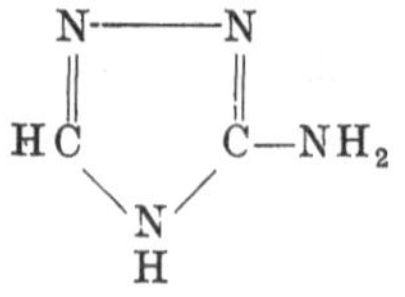

3-Amino-1,2,4-triazol Amitrol
Wasserlöslichkeit: 28 g/100 g (23 °C)
Dampfdruck: sehr gering
Chemische Reaktivität: stabil in neutralem sauren und alkalischen Milieu
Metabolismus: Ringspaltung und Bildung von CO_2, Harnstoff und Cyanamid
Persistenz im Boden: stark witterungsabhängig; 2 Wochen bis 3 Monate
Toxizität: LD_{50} Ratte p.o.: 11 000 bis 25 000 mg/kg; Maus: 14 700 mg/kg. Bei Langzeitexpositionen Hemmung der Jodaufnahme durch die Schilddrüse, Kropfbildung, Basedow'sche Krankheit
Rückstände an Pflanzen: Die Anwesenheit von Amitrol an Pflanzen macht sich durch Blattverfärbungen (Chlorosen) bemerkbar; eine Aufnahme aus dem Boden über das Wurzelsystem erfolgt nicht.

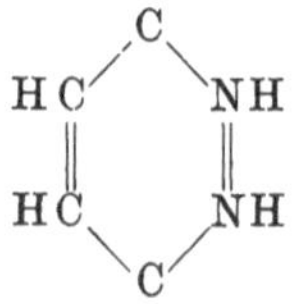

1,2-Dihydro-3,6-pyridazindion Maleinsäurehydrazid, MH
Wasserlöslichkeit: 06 g/100 g (25 °C)
Dampfdruck: gering
Chemische Reaktivität: Empfindlich gegenüber starken Säuren und Oxydationsmitteln, keine Hydrolyse
Persistenz im Boden: je nach Bodenart bis zu 3 Monaten
Toxizität: LD_{50} Ratte p.o.: 2 340 bis 6 950 mg/kg. Widersprüchliche Literaturangaben über cancerogene und teratogene Wirkungen im Tierexperiment.
Rückstände an Pflanzen: Übergang in das Pflanzeninnere durch topische Aufnahme sowie über das Wurzelsystem.

Abb. 2 Amitrol und Maleinsäurehydrazid

erfolgt. Ob diese Kontrolle allerdings auch in außerlandwirtschaftlichen Einsatzbereichen ähnlich wirksam gestaltet werden kann, erscheint problematisch.

Zur *Bekämpfung bzw. Niederhaltung des Gras- und Krautbewuchses* werden an Straßenrändern, Böschungen und Mittelstreifen Herbizide oder Mittel zur biologischen Prozeßsteuerung eingesetzt. Von den hierbei in der DDR zur Anwendung gelangenden Wirkstoffen sind die in der Abb. 2 festgehaltenen Verbindungen mit den Kurzbezeichnungen Amitrol und Maleinsäurehydrazid toxikologisch wie ökologisch am interessantesten.

Auch hier stehen Untersuchungen über eine mögliche Beeinflussung des Ökosystems Straßenrandgebiete noch aus. Besonders hervorzuheben ist aber die Tatsache, daß zu diesen Anwendungen keine speziellen staatlichen Anwendungsvorschriften über Menge, Applikationsform und -termine vorliegen (o. Verf. 1975 a). Wenn auch angenommen werden kann, daß der Einsatz dieser Präparate entweder von den gleichen Stellen erfolgt, wie dies bei den Herbiziden in der Landwirtschaft der Fall ist oder daß eine Aufklärung über Firmenschriften der Herstellerbetriebe vorgenommen wird, erscheint ein staatliches Anerkennungsverfahren, das auch ökologische Untersuchungen beinhaltet, dringend notwendig.

Die in der vorliegenden Arbeit vorgenommene Zusammenfassung von Stoffen und Wirkungen, die verkehrsbedingt in das Ökosystem Straßenrandgebiete eingetragen werden, ist naturgemäß nicht vollständig. Es fehlen z. B. die Auswirkungen von Lärm (die in einem der beiden folgenden Vorträge behandelt werden sollen) und auch die ökonomisch sehr bedeutsamen durch den Kraftverkehr bedingten Brandursachen. Da aber letztere sehr häufig durch Schienenfahrzeuge entstehen, soll ihre Darstellung einer späteren Arbeit vorbehalten bleiben.

Literatur

Anke: Der Einfluß des Schadstoffes Kadmium auf den Stoffwechsel und die Gesundheit von Tier und Mensch. Landwirtschaft, Landeskultur, Sozialistische Lebensbedingungen, Report zur II. Tagung der Urania, Gera 1975.

Arndt, U.: The Kautsky-Effect: A method for the investigation of the actions of air pollutants in chloroplasts. Environ. Pollut. **6**, 3 (1974) 181—93.

Bethea, R. M., N. J. Bethea: Consequences of lead in the ambient environment: An analysis. Residue Reviews, Vol. 54 (55—77) Springer-Verlag, New York 1975.

Briggs, D.: Population differentiation in Marchantia polymorpha L. in various lead pollution levels. Nature **238** (1972) 166.

Brueggemann, J., E. Boehncke: Lead, sodium and zinc concentrations in conifer needles as an indicator of traffic-induced environment pollution. Tierärztl. Monatsschrift **62**, 6/8 (1975) 209—13.

Brütsch, R.: Die Belastung der Umwelt durch den Verkehr. Schweizerische Bauzeitung **93**, 31 (1975) 489—93.

Cha, J. W., B. W. Kim: Ecological studies of plants for the control of environmental pollution. Korean. J. Bot. **18**, 1 (1975) 23—30.

Chow, T. J., J. L. Earl: Lead aerosols in the atmosphere: Increasing concentrations. Science **169** (1970) 577.

David, D. F., C. H. Williams: Heavy metal contents of soils and plants adjacent to the Hume Highway near Marulan. Aust. J. Exp. Agric. Anim. Husb. **15**, 74 (1975) 414—18.

Ehwald, H., et al.: Katalytische Reinigung von Autoabgasen. Wissenschaft und Fortschritt **24**, 11 (1974) 482—5.

Feeney, P. J., et al.: Effect of roadbed configuration on traffic derived aerosols. J. Air Pollut. Control Assoc. **25**, 11 (1975) 1145—7.

Feldman, Y. G.: Kombinirovannoe deistvie na organizm cheloveka smesi osnovnykh komponent ov vykhlopnykh gazov avtotransporta. Gig. Sanit. **10** (1974) 7—10.

Fidora, B.: Der Bleigehalt von Pflanzen verkehrsnaher Standorte in Abhängigkeit von der Vegetationsperiode. Ber. Deutsch. Bot. Ges. **85** (1972) 219.

Fritz, W., R. Engst: Zur umweltbedingten Kontamination von Lebensmitteln und krebserzeugenden Kohlenwasserstoffen. Z. f. d. ges. Hygiene und ihre Grenzgebiete **17**, 4 (1971) 271—6.

Gräff, B., H. Spegele: Wörterbuch des Umweltschutzes. Kosmos, Gesellschaft für Naturfreunde, Frank'hsche Verlagshandlung, Stuttgart 1972.

Grundmann, S., F. Stabenow: Beziehungen von Mensch und Umwelt. Wirtschaftswissenschaft **9**, (1971) 1774—84.

Habibi, K., et al.: Characterization and control of gaseous and particulate exhaust emissions from vehicles presented at the Fifth Technical Meeting of the West Coast Section of the Air Pollution Control Association, San Francisco (1970) October 8—9.

Hammje, K., et al.: Untersuchungen zum Verhältnis von freier Schwefelsäure zu Schwefeldioxid in Großstadtluft. Z. f. d. ges. Hygiene und ihre Grenzgebiete **21**, 10 (1975) 741—6.

Heinisch, E.: Stand und Perspektiven der Verminderung von Umweltbelastungen durch Agrochemikalien. Sitzungsberichte der AdW der DDR, Reihe Mathematik, Naturwissenschaften, Technik 12 N (1975) 30—67.

Hirschler, D. A., L. F. Gilbert: Nature of lead in automobile exhaust gas. Amer. Med. Assoc. Environ. Health 1964, 297.

Hodenberg, A. V., A. Fink: Ermittlung von Toxizitäts-Grenzwerten für Zink, Kupfer und Blei in Rotklee. Z. Pflanzenernährung und Bodenkunde 4/5 (1975) 489—503.

Höll, W., R. Hampp: Blei in der Biosphäre, einige Aspekte. Naturwiss. Rdsch. **27**, 7 (1974) 272—6.

Höll, W., R. Hampp: Lead and plants. Residue Reviews, Vol. 54 (79—111) Springer-Verlag, New York, Heidelberg, Berlin 1975.

Hoffmann, H.: Analysen und Probleme zur Entwicklung des Straßenverkehrs und des Straßenwesens in der DDR. Die Straße **15**, 10 (1975) 404—6.

Israël, H., G. W. Israël: Spurenstoffe in der Atmosphäre. Wiss. Verlagsgesellschaft MBH, Stuttgart 1973.

Jost, D., W. Rudolf: Stickstoffmonoxid-Stickstoffdioxid-Konzentrationen in der BRD. VDI-Berichte 247, Kolloquium Düsseldorf, 1974.

Klocke, A.: Kadmium in Boden und Pflanze. Nachrichtenbl. Deutsch. Pflanzenschutzdienst **23** (1971) 164—7.

Kloke, A.: Immissionsschäden an Pflanzen, Aufgabe der Immissionsforschung. Med. Fak. Landbouw.-Wetenschappen Gent, Nr. 2 (1972) 329—39.

Koning, H. W. de: Lead and cadmium contamination in the area immediately surrounding a lead smelter. Water, Air and Soil Pollution 3 (1974) 63—70.

Kreeb, K.-H.: Ökophysiologie der Pflanzen. VEB Gustav-Fischer-Verlag, Jena 1974.
Lagerwerff, J. V., Specht, A. V.: Contamination of roadside soil and vegetation with cadmium, nickel, lead and zinc. Environ. Sci. Technol. 4, 7 (1970) 583—6.
Lagerwerff, J. V.: Uptake of cadmium, lead and zinc by radish from soil and air. Soil. Sci. 111, 2 (1971) 129—33.
Leithe, W.: Die Analyse der Luft und ihrer Verunreinigungen in der freien Atmosphäre und am Arbeitsplatz. Stuttgart: Wiss. Verl. Ges. 1968.
Lies, K.-H.: Zur Analyse von Kohlenwasserstoffen und Stickoxiden in Abgasen von Verbrennungsmotoren sowie Messung und Erforschung belästigender und schädlicher Luftverunreinigungskomponenten in Großstädten und industriellen Ballungsgebieten im Hinblick auf ihre synergistischen Wirkungen. Diss. d. TU Clausthal, 1970.
Lindemann, G.: Ländliche Verkehrswegeplanung — vergleichende Analyse unterschiedlicher gesellschaftlicher und wirtschaftlicher Entwicklung. Die Straße 15, 7 (1975) 274—6.
Matthes, G.: Bleigehalte in Gestein, Boden und Grundwasser. in: Blei und Umwelt. Kommission für Umweltgefahren des Bundesgesundheitsamtes, Arbeitsgruppe Blei 1972.
Mende, W.: Persönliche Mitteilung. Institut für Geographie und Geoökologie der AdW der DDR, Berlin 1976.
Mertz, W., et al.: Chromium. in: U. S. National Committee of Geochemistry: Geochemistry and the environment, Vol. I., National Academy of Sciences, Washington D. C. 1974.
Möller, D.: Emission und Umwelt. In: Studie zur Untersuchung der Beziehungen zwischen Emission und dem Gefährdungsgrad der Biosphäre. Institut für Geographie und Geoökologie der AdW der DDR, Berlin 1975.
Nordberg, G. F.: Health and hazards of environmental cadmium pollution. Ambio 3, 2 (1974) 55—86.
Page, A., L., F. T. Bingham: Cadmium residues in the environment. In: Gunther, F. A., J. D. Gunther: Residue reviews, Vol. 48. Springer-Verlag 1973 (1—44).
Page, A., M. S. Joshi: Lead quantities in plants, soils, and air near some major highways in southern California. Hilgardia 41, 1 (1971).
Pask, W. J.: Environmental experts and engine Development. Intern. Z. Environmental Studies 7, 2 (1975) 123—9.
Pell, J. E., E. Brennan: Economic impact of air pollution on vegetation in New Jersey and an interpretation of its annual variability. Environ. Pollut. 8, 1 (1975) 23—33.
Preussner, K.-R.: Bitte nicht klopfen, nicht klingeln! ND 23. 1. 1976.
Quarles, H. D., et al.: Lead in small mammals, plants, and soil at varying distances from a highway. The Journal of Applied Ecology 11, 3 (1974) 937—49.
Raines, D. W.: Lead accumulation by wild oats (Avena fatua) in a contaminated area. Nature 233 (1971) 210.
Sandstead, H. H., et al.: Cadmium, zinc and lead. In: U.S. National Committee of Geochemistry: Geochemistry and the environment, Vol. I. National Academy of Sciences, Washington D. C. 1974.
Santillan-Medrano, J., J. J. Jurinak: The chemistry of lead and cadmium in soil: Solid phase formation. Soil Sci. Soc. Am. Prov. 39, 5 (1975) 851—6.
Schärmann, V., D. Bergmann: Betrachtungen zur Schadstoffemission unter Beachtung

von Aspekten des Umweltschutzes. Wiss. Zeitschr., Hochschule für Verkehrswesen „Friedrich List", Dresden **22**, 3 (1975) 641–9.

SCHÖNBECK, H.: Nachweis schwermetallhaltiger Immissionen durch ausgewählte pflanzliche Indikatoren. Staub, Reinhaltung der Luft **34**, 6 (1974) 214–24.

SCHOLL, G.: Ermittlung über die Belastung der Vegetation durch Schwermetalle in verschiedenen Immissionsgebieten. Staub, Reinhaltung der Luft **34**, 3 (1974) 89–92.

SCRIVEN, R. A., B. E. A. FISHER: The long range transport of airborne material and its removal by disposition and washout-1. general considerations. Atmos. Environ. **9** (1975) 49.

SMIL, V.: Energy and the environment, scenarios for 1985 and 2000. Futurist **6** (1974) 4–13.

STEEKEN, F.: Fumigation of cultivated plants with lead-containing and lead-free automobile exhaust gases. Z. Pflanzenkrankh. Pflanzenschutz **80**, 9/10 (1973) 513–27.

TER HAAR, G. L., M. L. BAYARD: Composition of airborne lead particles. Nature **232** (1971) 553.

TSO, T. C., et al.: Source of lead — 210 and polonium — 210 in tobacco. Science **153** (1966) 880.

O. Verf.: Schwermetalle als Luftverunreinigung — Blei, Zink, Kadmium. VDI-Bericht 203, Kolloquium Düsseldorf 1973.

O. Verf.: EG-Enquete: Untersuchung der Umweltbelästigung und Umweltschädigung durch den Straßenverkehr in Staadtgebieten — Lärm und Abgas — Teilstudie II 2. Verein Deutscher Ingenieure, Düsseldorf 1974.

O. Verf.: Pflanzenschutzmittelverzeichnis 1974/75. VEB Deutscher Landwirtschaftsverlag, Berlin 1975 a.

O. Verf.: Kommission für Umweltschutz beim Präsidium der Kammer der Technik: Emissionsüberwachung bei Kraftfahrzeugen. Broschürenreihe Technik und Umweltschutz Luft-Wasser-Boden-Lärm, VEB Deutscher Verlag für Grundstoffindustrie Leipzig 1975 b.

Hans-Günther Dässler

Zur Schadstoffbelastung an stark befahrenen Straßen

Zum ständigen Anstieg der Umweltverschmutzung hat auch die zunehmende Motorisierung wesentlich beigetragen. Die Anzahl der zugelassenen Kraftfahrzeuge nimmt allenthalben zu, und mit der Erhöhung der Verkehrsdichte gewinnt die Anreicherung der unteren Luftschichten mit Kfz-Abgasbestandteilen immer mehr an Bedeutung und stärkere Beachtung. In Großstädten und Ballungsgebieten einiger Länder haben Belästigung und Gefährdung von Mensch, Tier und Pflanze bereits bedenkliche Ausmaße angenommen. Kraftfahrzeugabgase sind an der Bildung des „photochemischen Smog" beteiligt, einer Luftverunreinigungsform, die zuerst in Los Angeles beobachtet wurde, seither aber auch in anderen Großstädten auftritt.

Im Jahre 1974 entfiel in den USA bereits auf zwei Einwohner ein Personenkraftwagen, 60% aller luftverschmutzenden Stoffe entstammen deshalb dort dem Kraftverkehr. Auch in den europäischen Ländern zeichnet sich eine ähnliche Entwicklung ab. In der BRD sind die Kraftfahrzeuge bereits mit 40% an der Luftverschmutzung beteiligt, und im Jahre 1975 emittierten die dort zugelassenen Personenkraftwagen mehr als 12 Mill. Tonnen Kohlenmonoxid, 6200 Tonnen Blei und rund 1,2 Mill. Tonnen Kohlenwasserstoffe.

In der DDR hat die Verkehrsdichte noch nicht diese extremen Werte erreicht. Im Zeitraum zwischen 1970 und 1980 wird sich jedoch der Kraftfahrzeugbestand verdoppeln. Nach 1980 kann mit einem Kraftfahrzeug auf etwa 5 Einwohner gerechnet werden. In Zukunft wird also auch bei uns für Städte und für Anlieger stark befahrener Straßen der Verkehr zur vorrangigen Schadstoffquelle.

Globale Emissionsangaben, wie die soeben verwendeten, sind zwar in der Literatur häufig zu finden, sie lassen jedoch kaum Rückschlüsse auf territoriale Immissionsbelastungen zu. Hierfür sind vielmehr Kurz- und Langzeitmessungen erforderlich, die eine Konzentrationsangabe der Schadstoffe in mg pro m^3 Luft ermöglichen. Um schließlich die Zusammenhänge zwischen Immission und Immissionswirkung, also die herbeigeführte Gefährdung, abschätzen zu können, ist ein Vergleich der ermittelten Meßwerte mit Normativen notwendig. Als Bezugsgröße für die Bewertung der toxischen Substanzen dienen die hygienischen Grenzwerte, die maximalen Immissionskonzentrationswerte (MIK-Werte). Sie geben an, welche Konzentration des Schadstoffes in der Atemluft nicht überschritten werden darf.

Genauer gesagt, nennen sie den Grenzwert, bei dessen Einhaltung oder Unterschreitung nach den derzeitigen wissenschaftlichen Erkenntnissen keine Schädigung des menschlichen Organismus zu erwarten ist. Zur Einhaltung der lufthygienischen Grenzwerte, also auch zur Begrenzung der Luftbelastung durch Kfz-Abgase, verpflichtet das Landeskulturgesetz der DDR die Verantwortlichen. Bisher eingeleitete Maßnahmen sowie die derzeit zur Verfügung stehenden und eingesetzten technischen Mittel ermöglichen jedoch noch nicht die volle Einhaltung der gesetzlichen Forderungen bei allen Schadstoffen.

Art der Schadstoffe

Die von den Kraftfahrzeugen ausgestoßenen Abgase enthalten neben Produkten der vollständigen Treibstoffverbrennung wie CO_2 und Wasser mehr oder weniger große Mengen an Reaktionsprodukten, die durch unvollkommene Verbrennung des Kraftstoffes gebildet werden: Als Folge von Sauerstoffmangel und unzureichenden Temperaturverhältnissen im Verbrennungsraum entstehen auf diese Weise Kohlenmonoxid, Ruß und Kohlenwasserstoffe. Der vorwiegend von Dieselmotoren emittierte Ruß besteht überwiegend aus Kohlenstoff, der geringe Mengen kondensierter unverbrannter Kohlenwasserstoffe enthalten kann. Seine Teilchengröße liegt meist unter 0,1 μm. Rußteilchen verbleiben daher nach Verlassen des Auspuffsystems verhältnismäßig lange als Schwebstoffe in der Atmosphäre. Besondere Beachtung aus hygienischer Sicht verdienen die polycyclischen Kohlenwasserstoffe, zumal bei einigen Vertretern dieser Stoffklasse, z. B. bei 3,4-Benzpyren, eine krebserregende Wirkung in Tierversuchen nachgewiesen werden konnte. Außer den genannten Substanzen gelangen als Bestandteile der Kfz-Abgase Oxidationsprodukte des Luftstickstoffs wie NO und NO_2 und des in den Kraftstoffen enthaltenen Schwefels, vorwiegend als SO_2, in die Atmosphäre.

Als übler Umweltverschmutzer gilt bekanntlich der Zweitaktmotor mit seiner weithin sichtbaren blauen Rauchfahne. Nicht minder nachhaltig machen aber auch die Dieselfahrzeuge durch Emission dichter Rußwolken auf sich aufmerksam. Die Geruchsbelästigung und Sichtbehinderung weiß jeder einzuschätzen, der längere Zeit hinter Autobussen oder Lastkraftwagen fahren mußte. Trotzdem gilt der Dieselmotor als umweltfreundlicher, da er weniger an der Kohlenmonoxid- und Bleianreicherung der Atmosphäre beteiligt ist. Diese Einschätzung ergibt sich aus einer Bewertungsgröße, die als „lufthygienische Wertigkeit" bezeichnet wird. Sie charakterisiert den Anteil der jeweiligen Schadstoffkomponente an der Toxizität des gesamten Abgases und läßt bisweilen eine etwas willkürliche Interpretation zu. Aus Veröffentlichungen von Sachse und Hünigen [1] und Jaskulla [2] ist in der folgenden Abbildung die lufthygienische Wertigkeit der Schadstoffe bei Diesel- und Ottomotoren gegenübergestellt.

Tatsächlich schneidet bei diesem Vergleich — abgesehen von der NO_x-Emission — der Dieselmotor gegenüber seinen Partnern besser ab. Jedoch darf nicht außer acht gelassen werden, daß die vom Dieselmotor emittierte Abgasmasse je Arbeitseinheit unter Stadtfahrbedingungen ungefähr das 3,5fache des Ottomotors beträgt und daß ein LKW eine 10mal so große Abgasmasse wie ein PKW emittiert.

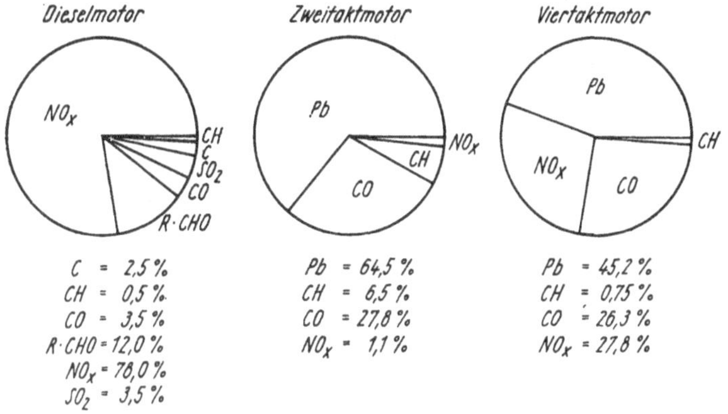

Abb. 1 Lufthygienische Wertigkeit der Schadstoffe im Abgas von Diesel- und Ottomotoren (auf MIK bezogen)

Von der Anreicherung der Kfz-Abgase in den unteren Luftschichten werden nun vor allem die Bewohner der Städte und in besonderem Maße Personen betroffen, die ständige Teilnehmer am städtischen Nahverkehr sind oder den Verkehr an unübersichtlichen Kreuzungen zu regeln haben. Es werden aber ebenso in zunehmendem Maße Anwohner stark befahrener und meist schlecht durchlüfteter Hauptstraßen beeinträchtigt.

In verkehrsreichen Straßen, besonders an Verkehrsknotenpunkten, wird der zulässige 24-Stunden-Dauerwert für Kohlenmonoxid (MIK_D 1,0 mg/m^3) bisweilen bereits überschritten. Konzentrationen von 30—50 mg/m^3 treten nur als Spitzenwerte bei angespannter Verkehrslage auf. Auch in den Kraftfahrzeugen werden mitunter bei längeren Wartezeiten an Kreuzungen verhältnismäßig hohe Kohlenmonoxidkonzentrationen gefunden. Im übrigen inhaliert auch der Raucher beträchtliche Mengen CO.

Mit der Kohlenmonoxid-Einwirkung auf den Menschen steht der Carboxi-Hämoglobingehalt des Blutes in unmittelbarem Zusammenhang. Dieser CoHb-Gehalt wird durch die CO-Konzentration der Atemluft sowie durch die Einwirkungszeit beeinflußt. Auf die Wirkung kurzzeitiger Kohlenmonoxid-Spitzen reagiert dabei der Körper nicht wesentlich anders als auf langfristige Einwirkung niederer CO-Konzentration. Als nachteilig erweist sich die CoHb-Anreicherung des Blutes besonders deshalb, weil ein erhöhter CoHb-Wert die Sauerstofftransportkapazität und die innere Atmung einschränkt. Die daraus resultierende Beeinträchtigung der Aufmerksamkeit und des Reaktionsvermögens kann durchaus bei Fehlleistungen und Unfällen im Straßenverkehr eine Rolle spielen.

Von den in den Kraftfahrzeugabgasen auftretenden Kohlenwasserstoffen rufen die niederen Alkane wie Pentan, Hexan, Heptan erst bei Konzentrationen über 10 000 ppm akute Vergiftungserscheinungen hervor. Ebenso verhalten sich die alicyclischen Verbindungen. Alkene und Alkine dagegen besitzen zum Teil anästhesierende Wirkung und können besonders in Gegenwart von Stickoxiden und bei starker Sonneneinstrahlung auch in niedrigen Konzentrationen Pflanzenschäden hervorrufen. Die derzeit gefundenen Immissionskonzentrationen für niedere Kohlenwasserstoffe liegen jedoch Größenordnungen unter dem toxischen Schwellenwert und lassen eine akute Gefährdung der Umwelt bisher nicht erkennen.

Von einer Zunahme der 3,4-Benzpyren-Konzentration ist wiederholt berichtet worden. In westeuropäischen Großstädten soll der 3,4-Benzpyren-Gehalt der Luft etwa 100—200 ng/m^3 betragen, als Vergleichswert für unbelastete Gebiete werden 1—2 ng/m^3 angegeben. Das 3,4-Benzpyren ist vorwiegend an Feinstaub gebunden, gelangt dadurch leicht über den Atemtrakt in den menschlichen Körper und kann nach Ablösung von der Trägersubstanz durch die Lunge resorbiert werden.

Folge der Verwendung verbleiter Benzine ist ein erhöhter Bleigehalt der Atmosphäre von Großstädten. Der mittlere Bleigehalt in Ballungsräumen wird mit 2—4 µg/m^3 angegeben, Spitzenkonzentrationen bis zu 10 µg/m^3 werden in den Hauptverkehrszeiten erreicht. Blei schädigt die Zentren der Blutbildung im Knochenmark. Durch Aufnahme kleinerer Bleimengen ausgelöste Vergiftungserscheinungen äußern sich in Kopfschmerzen, Nervosität, Appetitlosigkeit, Müdigkeit und Verdauungsstörungen. Erste Anzeichen einer Störung enzymatischer Vorgänge im Körper treten bei Konzentrationen von 10—15 µg/100 ml auf und sind an einer vermehrten Ausscheidung von Koproporphyrin- und Delta-aminolävulinsäure im Urin erkennbar. Die Auslösung typischer Vergiftungssymptome tritt jedoch erst bei Größenordnungen ein, die ein bis zwei Zehnerpotenzen über den derzeit in Ballungsgebieten gemessenen Konzentrationen liegen.

Von den in Kfz-Abgasen auftretenden Stickoxiden besitzt das NO_2 die größere Bedeutung, vorrangig wird aber von Verbrennungsmotoren NO emittiert. Die häufig verbreitete Meinung, daß NO nach Verlassen des Auspuffsystems schnell zu NO_2 umgewandelt wird, entspricht nur unter bestimmten Bedingungen den Tatsachen; besonders photochemische Reaktionen können diese Umsetzung begünstigen. In Konzentrationen von 1 mg/m^3 Luft kann NO_2 Veränderungen der Lungengewebestruktur hervorrufen und die Infektionsanfälligkeit des Atemtraktes erhöhen. Größere NO_2-Immissionsraten lösen auch entzündliche Schleimhautveränderungen aus. Auf die synergistische Wirkung von NO_2 und CO soll in diesem Zusammenhang hingewiesen werden.

Die Kfz-Abgasanreicherung in Stadtgebieten ist bereits seit längerer Zeit Gegenstand umfangreicher Untersuchungen. Die Hygiene-Institute haben in Zusammenarbeit mit der Abgasprüfstelle Berlin in vielen Städten Kontroll- und Überwachungsmaßnahmen eingeleitet. Weniger Beachtung hat bisher dagegen die Schadstoffbelastung der Vegetation an stark befahrenen Verkehrswegen gefunden. Das mag wohl daran liegen, daß zum einen offenkundige Schäden nur in beschränktem Maße aufgetreten sind, zum anderen wurde wohl auch dieser Frage bisher zu wenig Bedeutung beigemessen.

Vor etwa 8 bis 10 Jahren machte eine Reihe von Veröffentlichungen (Keller [3]; Kloke und Riebartsch [4]; Leh [5]; Suchodoller [6]) auf die bedenkliche Bleianreicherung bei Pflanzen in der Nähe von Straßen aufmerksam. Ursache für diese Bleiakkumulation sind die dem Autobenzin seit mehreren Jahrzehnten als Antiklopfmittel zugesetzten Bleialkyle. Bei der Treibstoffverbrennung entweichen diese Additive als Bleihalogenide, Bleioxid oder Bleisulfat überwiegend in Teilchengrößen unter 5 μ mit den Auspuffgasen und setzen sich auf Pflanzen und Boden in der Nähe der Verkehrswege ab.

Unterschiedliche Angaben in der Literatur über Reichweite der Schadstoff-Immissionen, Aufnahmevermögen einzelner Pflanzenarten und über die Abwaschbarkeit der Bleisedimente veranlaßten uns zu Untersuchungen der verkehrsbedingten Einflüsse auf die Vegetation an Autobahnen, Transitstraßen sowie im experimentellen Begasungsversuch. Von den Ergebnissen erhofften wir uns gleichzeitig Hinweise auf die Größenordnung der derzeitigen Schadstoffbelastung an unseren Hauptverkehrsstraßen. Folgende Erkenntnisse konnten gesammelt werden:

Die Umgebungsbelastung durch Bleiemissionen aus Kraftfahrzeugen an stark befahrenen Straßen ist zum Teil erheblich. Ein direkter Zusammenhang zwischen der Bleianreicherung auf Pflanzen und der Verkehrsdichte ließ sich an Hauptverkehrswegen in einem Großstadtgebiet nachweisen. Bei unmittelbar am Straßenrand stehenden Linden wurden in 2 m Höhe Blätter entnommen. Die gefundenen Bleiwerte sind in Abb. 2 gegen die Fahrzeugbelastung der Straßen aufgetragen.

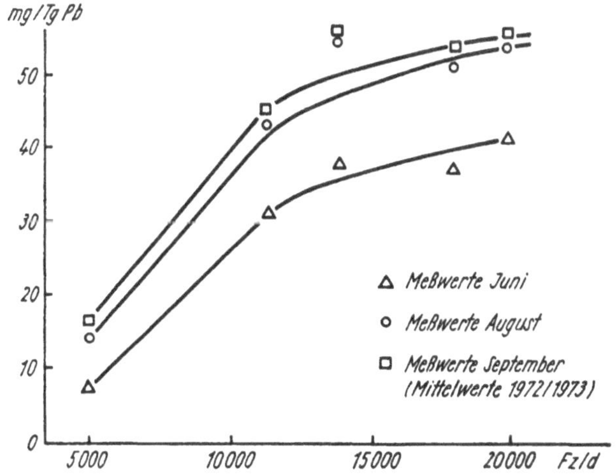

Abb. 2 Bleigehalt von Straßenbäumen (Linden) in Abhängigkeit von der Verkehrsdichte

Die überraschend hohen Bleiakkumulationen auf den Bäumen der von 1400 Fz/Tag befahrenen Straße ist auf die dichte Bebauung beider Straßenseiten und die dadurch eingeschränkte Verteilung der Abgase zurückzuführen.

Bei allen Versuchen ließ sich die Abhängigkeit der Bleibeaufschlagung vom Abstand zur Straße nachweisen. Der Bleigehalt sinkt zunächst rasch ab und verläuft dann gegen einen Grenzwert. Die Grenzwertannäherung scheint artenspezifisch zu sein. Sie tritt bei Mais in 50 m Entfernung, bei Rüben nach 60 m und bei Kartoffeln nach 100 m ein. Diese Werte können jedoch durch meteorologische und orographische Faktoren erheblich beeinflußt werden. An Straßenabschnitten mit ungehindertem Windzutritt waren erhöhte Bleiwerte noch in 160 m Entfernung anzutreffen.

Mit der Höhe der Bäume nimmt der Bleigehalt der Assimilationsorgane ab. Untersuchungen an 15 m hohen Fichten, denen in unterschiedlicher Höhe Nadelproben entnommen wurden, ergaben die in Abb. 3 zusammengestellten Werte. Der natürliche Bleigehalt war durch Probenahmen im Bestandesinnern ermittelt worden, er lag zwischen 2,42 und 3,27 mg/kg TS.

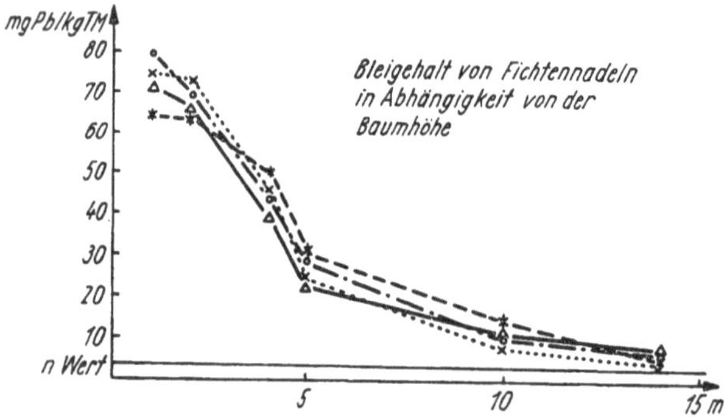

Abb. 3 Bleigehalt von Fichten in Straßennähe in Abhängigkeit von der Baumhöhe

Das Eindringen der Abgaswolken hängt wesentlich vom Schlußgrad des Baumbestandes längs der Straße ab. Die Bäume sind imstande, an Blättern, Ästen und Rinde je nach Oberflächenbeschaffenheit bleihaltige Aerosole und Stäube zurückzuhalten. Der Bleigehalt der Nadeln fiel in Fichtenaltholzbeständen relativ rasch ab. Er lag nach 20 m wieder in der Höhe des Normalwertes.

Untersuchungen an Autobahnen und Transitstrecken ermöglichten uns, weitere Ergebnisse zu sammeln und mit Literaturangaben zu vergleichen. Dabei erhielten wir zum Teil recht abweichende Werte. So wurden bei Drahtschmiele in unmittelbarer Straßennähe 19,2 mg/kg, bei Wiesenschwingel 26,24 mg/kg, bei Knaulgras 32,9 mg/kg und bei Weidelgras 30,2 mg/kg gefunden. In keinem Fall nahm jedoch, wie Kloke und Riebartsch beschrieben, die Abwaschbarkeit der Bleiverbindungen eindeutig mit der Entfernung von der Straße ab. Sie lag meist zwischen 25 und 35%. Auch der Bleigehalt des Bodens korrelierte nur wenig mit den auf den

Pflanzen niedergeschlagenen Bleibestandteilen. Die Wurzeln von Pflanzen mit geringen Bleiauflagen enthielten häufig größere Bleimengen als solche mit stärkerer Verschmutzung. Auch auf den Futterpflanzen streute die Bleikontamination im 40 m-Bereich von der Straße beträchtlich. Die höchsten Werte wurden bei Futterrübenblättern, die niedrigsten bei Klee und Luzerne gefunden. Der für Grünfutter als unbedenklich in der Literatur angeführte Grenzwert von 10 mg/kg TS wird nach unseren Erhebungen im 60 m-Bereich stark befahrener Straßen häufig überschritten.

Um über das Rückhaltevermögen von Laub- und Nadelholzpflanzen Hinweise zu erhalten, führten wir Begasungsversuche in größeren, mit Piakrylglas gedeckten und mit Plastfolien bespannten Kabinen durch. Das Schadstoffgemisch lieferte ein stationärer 150 ccm-Zweitaktmotor, der mit einer Öl-Benzinmischung 1 : 25 gespeist wurde. Der verwendete Vergaserkraftstoff enthielt nach Angaben des VEB Minol 0,39–0,42 g/l Pb in Form von Bleialkylen. Die Kontaminierung der Testpflanzen im Verlauf der Begasung ist der Abb. 4 zu entnehmen.

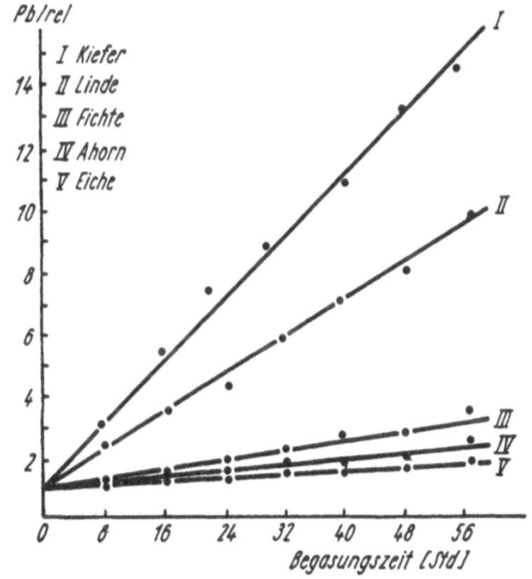

Abb. 4 Bleirückhaltevermögen einiger Baumarten im Begasungstest

Die wiedergegebenen Meßdaten sind Relativwerte. Um gleiche Bezugsgrößen zu erhalten, wurde der jeweilige Bleiausgangswert gleich 100% gesetzt. Nach einer Begasungszeit von 120 Stunden traten erste Anzeichen einer Ausbildung von Nekrosen auf. Sie beruhen jedoch offensichtlich nicht auf der Einwirkung von Bleiverbindungen. Ähnliche Schadbilder hatten wir bei früheren Begasungsversuchen mit niederen ungesättigten Kohlenwasserstoffen wie Aethen, Akrolein usw. erhalten.

Wesentlich größere Schwierigkeiten als die Ermittlung der Bleibeaufschlagung bereitete die Erfassung der Vegetationsbelastung durch Kohlenwasserstoffe.

Unmittelbar am Straßenrand einer Transitverkehrsstrecke am Ausgang einer engen, steilen Kurve stehende Jungfichten wiesen bei näherer Betrachtung einen krustenartigen Belag auf, der sich weder durch Abschütteln noch durch Abkratzen leicht entfernen ließ. Selbst durch intensive Wäsche mit Wasser war nur eine geringe Menge der Auflage ablösbar. Im Waschwasser fanden sich neben Bleianteilen Rußpartikel und gröbere indifferente Staubteilchen. Die Waschlösung war schwach gelb und gab keine positive Peroxidreaktion. Wie die gaschromatographische Untersuchung ergab, bestand der Belag aus einem Gemenge niedermolekularer gesättigter und ungesättigter Kohlenwasserstoffe mit größeren Anteilen an Aromaten und polymeren Kohlenwasserstoffen. Die Mengenanteile der einzelnen Verbindungsklassen ließen sich nicht eindeutig ermitteln, da die Bilanz durch mitabgelöste Wachsüberzüge der Blattorgane beeinflußt wurde.

Trotz umfangreicher Untersuchungen an weiteren Versuchsstrecken konnten keine gesicherten Befunde über eine Anreicherung niederer und höherer Kohlenwasserstoffe auf Pflanzen erhalten werden.

In keinem Fall ließen sich aber auch punktförmige Nekrosen feststellen, wie sie nach Literaturberichten durch Bestandteile des phytochemischen Smog, also durch Peroxiacetylnitrat oder Olefine unter Lichteinwirkung hervorgerufen werden und wie sie von uns in Begasungsexperimenten mit Olefinen unter UV-Bestrahlung ausgelöst werden konnten.

Noch problematischer erweist sich die Ermittlung der Verunreinigung von Pflanzen mit polycyclischen Aromaten. Zum einen ist die Bestimmung sedimentierter kleinster Mengen von 3,4-Benzpyren außerordentlich schwierig, zum anderen wurde durch Untersuchungen von Gräf bekannt, daß 3,4-Benzpyren und seine Homologe in der gesamten Pflanzenwelt in erheblichen Mengen als Wuchsinhibitoren produziert werden. Die Folge ist ein Normalpegel an polycyclischen Kohlenwasserstoffen in der Umwelt, der bezogen auf 3,4-Benzpyren bei 1—2 µg/100 g TS der Pflanzen liegt. Zum Gehalt der Pflanzen an diesen Substanzen kommt nun die zivilisationsbedingte Belastung mit polycyclischen Aromaten hinzu, sie ist jedoch mit den derzeit zur Verfügung stehenden analytischen Mitteln nur außerordentlich schwer erfaßbar. Wir beschränkten uns deshalb auf Luftanalysen und fanden an Verkehrsknotenpunkten 3,4-Benzpyrenwerte zwischen 2—4 mg/100 m^3 Luft, an stark befahrenen Straßen in ländlichen Bereichen dagegen nur 0,4—0,6 mg/100 m^3 Luft.

Maßnahmen zur Verminderung der Emissionen und zur Senkung der Vegetationsbelastung

Eine umfassende Verminderung der Schadstoffemissionen aus Kraftfahrzeugen und damit eine Einschränkung der Umgebungsbelastung an Hauptverkehrsstraßen ist nur mit Hilfe komplexer Maßnahmen zu erreichen. Sie betreffen zunächst den Automobilbau, die Kraftfahrzeuginstandhaltung und den Treibstoffhersteller:

— So läßt sich eine Senkung der Kohlenmonoxid-Emission durch abgasgerechte Leerlaufeinstellung bei Zwei- und Viertaktmotoren erzielen;

auch der Rußemission bei Dieselmotoren kann durch Verminderung und Regulierung der Einspritzmenge wirksam begegnet werden.
Beide Maßnahmen sind bereits heute verhältnismäßig leicht durchzusetzen; ihnen müssen aber weitere technische Lösungen folgen wie

— die Minderung der Stickoxid-Emission durch Abgasrückführung bei Diesel- und Viertaktmotoren,
— die Senkung der Kohlenmonoxid- und Kohlenwasserstoff-Anteile im Abgas durch katalytische Nachreinigung bei höheren Temperaturen und
— eine baldige Begrenzung des Bleigehaltes in Treibstoffen auf 0,2 g/l sowie später der Einsatz bleifreier Benzinadditive.

Sie schließen aber auch Beiträge auf dem Gebiet der Verkehrsorganisation und des Städtebaues ein, wie z. B.

— Schnellstraßensysteme, grüne Wellen
— kreuzungslose Überbrückung von Verkehrsknotenpunkten, Hochstraßen
— Einkaufszentren, Wohngebiete ohne bzw. mit begrenztem Kraftverkehr
— Ausbau eines attraktiven Nahverkehrsmittel-Netzes
— Aufgelockerte Bebauung in Wohngebieten, Grünflächen, umweltgerechte Parkanlagen.

Obwohl in Spitzenbelastungszeiten vornehmlich an Verkehrsknotenpunkten die MIK-Werte für Kohlenmonoxid, Blei und Kohlenwasserstoffe bisweilen erreicht und überschritten werden, ist die derzeitige Vegetationsbelastung an stark befahrenen Autostraßen nicht besorgniserregend. Im Hinblick auf die zu erwartende weitere Zunahme der Verkehrsdichte erscheinen jedoch Kontroll- und Präventivmaßnahmen erforderlich. Hierfür sollten folgende Hinweise Beachtung finden:

— Für Aussagen über die Immissionshöhe an Verkehrswegen sind Kenntnis der Verkehrsdichte und Kenntnis der Einzelemissionen von Kfz-Typen nicht ausreichend. Überlagerung der Abgasströme und ständiger Wechsel der Verkehrssituationen gestalten die Umgebungsbelastung sehr unterschiedlich. Auch topographische und meteorologische Faktoren beeinträchtigen die Immissionsverhältnisse erheblich.
— Die Vegetationsbelastung durch Kraftfahrzeuge wird bisher im allgemeinen durch Messung der Bleibeaufschlagung charakterisiert. Die voraussichtlich viel aufschlußreichere stoffwechselphysiologische Diagnostik ist bisher wenig eingesetzt worden.
— Bei künftiger Bearbeitung des Problems ist die Einbeziehung von Substanzen, die sich durch photochemische, oxidative Umsetzungen von Kohlenwasserstoffen in Gegenwart von Stickoxiden bilden, wünschenswert.
— Im Nahbereich der Verkehrswege ist mit erhöhter Bleibelastung, möglicherweise auch mit Schädigungen im chronischen Bereich zu rechnen. Bei der Anlage von Obst- und Gemüseplantagen sollte deshalb unbedingt ein Sicherheitsabstand von 50 m eingehalten werden.
— Auch Futterpflanzen aus dem 50 m-Bereich entlang der Autostraße sollten nur nach Vermischung mit Futter aus straßenfernen Gebieten Verwendung finden.

— Verstärkt durchgesetzt werden sollte die Bepflanzung von Straßenrändern mit Sträuchern und Hecken. Mit Hilfe dichter Gehölzstreifen ist ein wirksamer Schutz der Agrarprodukte vor stärkerer Verschmutzung zu erreichen.

Gestatten Sie mir zum Abschluß meiner Ausführungen noch einige Bemerkungen zur Anreicherung von Substanzen in Straßennähe, die zwar mit dem Straßenverkehr im Zusammenhang stehen, aber nicht von Kraftfahrzeugen emittiert, sondern vielmehr geplant, aber meist großzügig dosiert auf Fahrbahnen aufgebracht werden. Gemeint sind hiermit die zum Abstumpfen schnee-, eis- und reifglatter Straßen eingesetzten Auftausalze. Es handelt sich hierbei um Abfallprodukte der Kaliindustrie, die $MgCl_2$, $MgSO_4$, $NaCl$ und $CaCl_2$ in wechselnden Mengen enthalten.

Derartige Chloride wurden bereits früher als Herbizide verwendet. Es kann also kaum verwundern, daß beim Versprühen der Salzlösungen über den Straßenrand hinaus, beim Abwehen von Lösungsaerosolen, als Folge des Versprühens des Salzwassers durch Autos oder durch Abfließen der Salzlösungen in den Boden die Vegetation in Straßennähe beeinträchtigt wird. Ursache hierfür ist einmal eine Chloridakkumulation in Blättern und Nadeln, zum anderen die Beeinträchtigung des Wurzelsystems der Pflanzen. Zu beobachten sind Wachstumsstörungen, Ertragsminderungen bis hin zu irreversiblen Schädigungen wie Ausbildung von Nekrosen und völliges Absterben.

Chloride wirken in erster Linie störend auf den Wasserhaushalt und auf den Stoffwechsel von Pflanzen. Der Chloridgehalt kann bis zu 1—2% der TS ansteigen (normal 0,03—0,05%). Ein erhöhter Chloridgehalt ist teilweise bis zu Entfernungen von 200 m von der Fahrbahn nachzuweisen, er läßt sich durch Vergleich mit Chloridwerten ungeschädigter Pflanzen als analytischer Nachweis der Schadursache verwenden.

Als besonders chloridempfindlich erweisen sich Koniferen (Fichte, Kiefer); auch Laubgehölze können, wie stark geschädigte und abgestorbene Bäume an Straßenrändern beweisen, stärkerer Chloridbelastung nicht widerstehen.

Zur Eindämmung dieser Chloridbelastung läßt sich derzeit wenig tun. Strikte Beachtung der Anwendungsvorschriften für Auftausalze und Vorsicht bei der Ausbringung der Salzlösungen tragen sicher zur Minderung der Schäden bei. Dem hin und wieder vorgeschlagenen Anbau von Schutzhecken aus salzresistenten Gehölzen wird im allgemeinen wenig Bedeutung beigemessen.

Die mitgeteilten Ergebnisse und Erfahrungen lassen erkennen, daß noch nicht alle Möglichkeiten zur Einschränkung der Emissionen und zur Vermeidung der Umweltbelastung genutzt werden, bzw. wegen noch ungelöster technischer Probleme zur Zeit nicht realisiert werden können. Das Ziel, auf Grund ausreichender Erkenntnisse die zukünftigen Gefahren klar abgrenzen und daraus wirksame Gegenmaßnahmen ableiten zu können, ist noch nicht erreicht. Die vorliegenden Ergebnisse unterstreichen jedoch die Wichtigkeit von Bemühungen um die Reinhaltung der Luft nachdrücklich.

Literatur

[1] Sachse, J. u. E. Hünigen: Rangfolge der Schadstoffbegrenzung bei Kraftfahrzeugen und lufthygienische Wirksamkeit von Maßnahmen. Kraftfahrzeugtechnik Heft 7, 204—208 (1972).

[2] Jaskulla, N.: Schadstoffemissionen von Ottomotoren. Technik und Umweltschutz Heft 8, 189 (1975).

[3] Keller, Th.: Zum Problem der verkehrsbedingten Bleirückstände an der Vegetation. Berichte der Eidgenössischen Anstalt f. d. forstl. Versuchswesen Birmensdorf Nr. 37 (1970).

[4] Kloke, A. u. E. Riebartsch: Verunreinigung von Kulturpflanzen mit Blei aus Kraftfahrzeugabgasen. Naturwiss. **51** (15), 367—368 (1964).

[5] Leh, H. O.: Verunreinigungen von Kulturpflanzen mit Blei aus Kraftfahrzeugabgasen. Gesunde Pflanze **18**, Heft 2 (1966).

[6] Suchodoller, A.: Untersuchungen über den Bleigehalt von Pflanzen in der Nähe von Straßen und über die Aufnahme und Translokation von Blei durch Pflanzen. Ber. Schweiz. Bot. Ges. **77**, 266—308 (1967).

Rudolf Junghans

Die Entwicklung der Lärmemission durch Zunahme der Verkehrsdichte in der DDR bis 1990

Im Zuge der Perspektivplanung bis 1990 hat das Ministerium für Verkehrswesen der DDR den nicht leichten Versuch unternommen, die Erhöhung des Verkehrsaufkommens prophylaktisch einigermaßen sicher zu erfassen. Die dabei für die Umwelt — in 1. Linie für die Wohnumwelt — sich ergebenden Überlegungen und die daraus entstehenden Maßnahmen sind Gegenstand umfangreicher Konsultationen gewesen. Unter anderen wurden Probleme der zu erwartenden Zunahme der Lärmbelästigung und der Luftverschmutzung diskutiert, deren Hauptergebnisse ich Ihnen vorstellen darf.

Im Augenblick ist das Verkehrswesen mit dem Schienenverkehr, dem Straßenverkehr und dem Luftverkehr zu etwa 20% an der Luftverschmutzung beteiligt. — Diese Zahl bitte ich zu akzeptieren, sie wurde in dieser Höhe angegeben, sie ist sehr schwer zu überprüfen. — Bis 1990 kann durch Analogierechnungen ein Anstieg auf 40% erwartet werden, wenn nicht rechtzeitig gezielte Sanierungsmaßnahmen wirksam werden.

Beim Lärm rechnen wir derzeit mit einem Anteil von etwa 70% des Gesamtschallpegels, der in Verkehrsballungsgebieten allein durch den Straßenverkehr erzeugt wird. Um die Schallenergiekonzentration zu verdeutlichen, sei folgende Gegenüberstellung gestattet (Abb. 1).

Abgestrahlte Schallenergie (grober Mittelwert)

Flugzeug	=	100
PKW	=	44
LKW-Stadt	=	58
KOM über Land	=	27
Städteschnellverkehr	=	5
S-Bahn	=	5

Abb. 1

Wir haben demnach eine Abstufung der Lärmabstrahlung etwa in der Reihenfolge

Flugzeug — am höchsten, d. h. schlechtesten
LKW in der Stadt

Straßenbahn
Mopeds
PKW
Städteschnellverkehr (S-Bahn)

Die S-Bahn ist also hinsichtlich Lärmerzeugung und Lärmbelästigung das günstigste Verkehrsmittel. Inwieweit ein Aus- oder Aufbau von S-Bahnen in anderen Städten der DDR möglich ist, wird noch geprüft.

Im Augenblick liegen wir beim derzeitigen Verkehrsaufkommen auf der Straße, d. h. ohne Luft- und Schienenverkehr — in den Verkehrsspitzenzeiten zwischen 5.30 bis 7.30 Uhr bzw. 16.00 und 17.00 Uhr fast überall jenseits der zugelassenen Grenzwerte. Zahlreiche Messungen, die dann in den Lärmkarten vieler Städte ihre Auswertung fanden, haben diese Feststellung untermauert.

Da bis 1990 mit Sicherheit eine erhebliche Erhöhung der Verkehrsdichte erwartet werden darf, sind unbedingt schnell Überlegungen einer umfassenden, prophylaktischen Lärmbekämpfung bzw. besser Lärmvermeidung notwendig. Diese Aufgaben sind von den Akustikern mit Städteplanern, Architekten, Baustoffachleuten und im weitesten Sinne mit Ökologen zu koordinieren.

Wie in anderen Ländern im Vergleich zur DDR zu Beginn der 70er Jahre die Verkehrsdichte allein durch die Zahl der PKW bestimmt wird, zeigt die nächste Zusammenstellung nach Angaben der UNO 1972 (Abb. 2).

UNO-Report 1972

Anzahl der PKW auf 1000 Einwohner

USA	433	BRD	232
Schweden	286	Schweiz	221
Kanada	281	Belgien	213
Luxemburg	268	Großbrit.	211
Frankreich	246		
Dänemark	239	DDR	66

Abb. 2

Es ist sicher nicht unser Ehrgeiz und es wäre ja auch ein ganz falscher Weg, in den nächsten Jahren z. B. die USA im PKW-Aufkommen einzuholen, aber das Fahrzeugangebot, die Anzahl der Verkehrsmittel steigt natürlich in der DDR. Dabei können und dürfen wir uns nicht allein auf die PKW konzentrieren. Unser Ministerium für Verkehrswesen rechnet mit folgender Entwicklung (Abb. 3).

Zuwachs an Fahrzeugen in der DDR bis 1990

75% mehr LKW
70% mehr Spezialfahrzeuge
(Tieflader usw.)
200% mehr PKW
20% mehr Kleinmotorräder
0% mehr Krafträder

Abb. 3

Da die von den einzelnen Fahrzeugtypen abgestrahlten Schallemissionen bekannt sind, würde eine einigermaßen kontinuierliche Steigerung des Fahrzeugzuwachses bis hin zum Jahre 1990 eine jährliche Steigerung des Verkehrsschallpegels um 1 dB darstellen. Das sind in 15 Jahren — also eben bis 1990 15 dB. — Da das Dezibel als Dimension des Schalldruckes eine logarithmische Größe ist — 10 dB bedeuten schon eine Verdopplung der physikalischen Schallintensität —, ist das eine kaum vorstellbare, jedenfalls eine absolut unzumutbare Lärmzunahme in unseren Städten. Dabei erwähne ich nur am Rande den natürlich ebenso vergrößerten Ausstoß an Stickoxiden, CO, Pb, Reizstoffen, kanzerogenen Stoffen usw.

Welche möglichen und nötigen Maßnahmen sind durchzusetzen? Neben der Lärmbelästigung, evtl. sogar Gesundheitsgefährdung für die Anwohner ist die durch hohen Lärm verminderte Betriebs- und Verkehrssicherheit im Straßenverkehr zu beachten. Hohe Schallpegel bedeuten für den Kraftfahrer stärkere physische Belastungen, es kommt schneller zur Ermüdung, damit zu einem verminderten Reaktionsvermögen, zu höheren Fehlerquoten und damit evtl. zu Unfällen. Besonders auffällig sind derartige Symptome bei Fernfahrern, die mit abnehmender Konzentrationsfähigkeit akustische und auch optische Signale schlechter und später wahrnehmen.

Die möglichen Wege der Lärmbekämpfung im Straßenverkehr sind hinreichend bekannt, sie sind fast alle technisch kompliziert und zum großen Teil kostspielig. Bei der im Normalfall üblichen Unterscheidung der 2 großen Hauptgruppen der Lärmbekämpfung — d. h. in die primäre, aktive Lärmbekämpfung mit bewußtem Eingriff in den Bereich der Schallentstehung, also der Lärmquelle und in die sekundäre, passive Bekämpfung durch Maßnahmen, die die Lärmquelle nicht verändern, aber das Ohr des Menschen weitgehend schützen sollen, stellen wir fest, daß die Möglichkeiten der passiven Lärmbekämpfung derzeit überwiegen.

Beim PKW, mehr noch beim LKW wird der Lärm verursacht von den Verbrennungsvorgängen in den Motoren; besonders den Dieselmotoren, von den Ansaug- und Abgasvorgängen, durch Kühlventilatoren, schwingende Motorteile, durch Strömungsgeräusche, die durch Aufbauten erzeugt werden, klappernde Teile, besonders bei Eisenblechanhängern von LKW und durch Reifengeräusche auf der Fahrbahndecke bei hohen Geschwindigkeiten. Alle Möglichkeiten des maschinentechnischen Eingriffs in das Wirkprinzip von Otto- und Dieselmotoren oder in die Lagerung von Getrieben, Rädern, die Veränderung von Aufbauten usw. sind eigentlich bekannt. Sie gehen bei Wagen kleiner Leistung, z. B. beim Trabant, immer auf Kosten der Motorleistung. Kleinwagen, auch Motorräder sind aber nur mit einer bestimmten Mindest-PS-Zahl technisch noch sinnvoll, d. h. entscheidende Dezibelsenkungen durch maschinentechnisch-konstruktive Maßnahmen sind kaum zu erwarten.

Eine völlige Abkehr vom Prinzip des Verbrennungs- oder Dieselmotors evtl. durch Elektroantriebe ist aus rein energetischen Gründen zumindest in diesem Jahrhundert wahrscheinlich nicht realisierbar. — So bleibt zwangsläufig und vordergründig der Weg der sekundären Schallbekämpfung, wobei besonders in den

Wohngebieten die Garantie der Nachtruhe, für Schichtarbeiter aber auch die Vermeidung der Schlafstörungen am Tage im Vordergrund der Bemühungen stehen muß. Es ist bekannt, daß die Beeinträchtigung des sogenannten Tiefschlafs durch Lärm zu den schädlichsten Begleiterscheinungen der Zivilisation für das Wohlbefinden des Menschen gehört.

Die Möglichkeiten der sekundären Lärmbekämpfung sind gerade im Straßenverkehr vielgestaltig, umfangreich und verlangen in den meisten Fällen eine sinnvolle Kombination mehrerer Varianten unter Einbeziehung anderer Umweltgestaltungsaufgaben, z. B. die Luftreinhaltung in Zusammenhang mit Maßnahmen der Stadt-, Gebiets- und Dorfplanung. Die erste Aufgabe liegt deshalb in der Ausarbeitung von Generalverkehrsplänen für die Großstädte der Republik, bei denen vorher auf Messungen und Rechnungen beruhende Lärmkarten als wichtige Planungs- und Entscheidungsgrundlagen für Bebauungspläne zur Verfügung stehen sollten.

Eine Vielzahl von technisch-organisatorischen Maßnahmen zur Verringerung des Stadtverkehrslärms gliedert sich in bauakustische, straßenbautechnische und verkehrsorganisatorische Möglichkeiten.

Bauakustische Wege des direkten Einflusses auf die Lärmimmissionen bringen für die Anwohner von Hauptverkehrsstraßen fühlbare Verbesserungen. Im Vordergrund steht der Einbau von Schallschutzfenstern, die in verschiedenen Ausführungsformen von der Bauakademie entwickelt werden und für Wohnungen ebenso zur Verfügung stehen wie für Schulen, Kindergärten, Krankenhäuser oder andere Sozialbauten. Lärmdämmende Fenster bringen deutliche Schallpegelsenkungen, verlangen aber eine parallele Lösung der Lüftungs- und Klimatechnik für Wohnräume oder z. B. Klassenzimmer. — Der Bau von Lärmschutzwänden mit schallabsorbierenden Stoffen wird immer mal wieder erwogen. Im Ausland, vorzugsweise in England, sind solche bis zu 4 m hohen Betonwände mehrfach zwischen stark befahrenen, mehrspurigen Verkehrsachsen und die meist viel zu nahe Wohnfront gezogen worden. Der schalltechnische positive Effekt ist vorhanden, von architektonischer Schönheit kann man kaum mehr sprechen.

Attraktiver sind *straßenbautechnische* Maßnahmen. Hierzu zählen u. a. die richtige Trassierung stark belasteter Verkehrswege unter Einbeziehung des ruhenden Verkehrs, die Schaffung breiter Schutzstreifen mit dichter Bepflanzung, der Bau einwandfreier Straßendecken.

Schließlich sind *verkehrsorganisatorische* Möglichkeiten fast immer gegeben und entweder allein oder in Kombination mit straßenbautechnischen Entscheidungen durchaus lärmmindernd effektiv. Viele Städte sollten prüfen, ob der Bau von Umgehungsstraßen nicht außer der Lärmminderung noch andere Vorteile bringt. Die Verlegung der Hauptverkehrsstraßen weg von lärmempfindlichen Einrichtungen wie Schulen, Krankenhäusern, wissenschaftlichen Laboratorien u. ä. ist fast immer möglich. Viel zu wenig wird z. Z. noch die lärmarme Verkehrsabwicklung durch gut abgestimmte Verkehrsregelung beachtet, d. h. grüne Wellen, gute Verkehrsleiteinrichtungen, Schaffung niveaufreier Kreuzungen usw. Die Anzahl der Verkehrsampeln allein ist noch nicht Ausdruck intelligenter, lärmarmer und umweltfreundlicher Verkehrsregelung.

Auch der Bau des neuen Omnibusbahnhofes in Erfurt genau neben die Breitseite des Interhotels Erfurter Hof führt seit Jahren zu Protesten der Hotelgäste, zumal viele Kraftfahrer die Unart besitzen, ihre großen Ikarus-Busse viele Minuten lang erst warm laufen zu lassen — und das zwischen 5 und 6 Uhr früh.

Damit komme ich zum Begriff des ruhenden Verkehrs, d. h. zur Anlage von Parkplätzen, Einbahnstraßen, bei denen eine Straßenseite generell als Parkmöglichkeit genutzt wird und zum Bau von Omnibusbahnhöfen und Straßenbahndepots. Die Planung derartiger Anlagen ist in alten Stadtkernen immer kompliziert. Bei radikalen Lösungen, d. h. beim Abriß umfangreicher Flächen alter Wohnsubstanz können Parkplätze verkehrs- und lärmtechnisch sinnvoll und nahezu ohne Belästigungen der Anwohner vorgesehen werden. In der Nähe von Schulen, Krankenhäusern, Hotels und Theatern können und dürfen solche Lärmballungsgebiete nicht entstehen. Zur Zeit wird geprüft, ob in bestimmten Teilen einzelner Großstädte oder in mittelgroßen Städten vollständig ein Fahrverbot für Schwerlastzüge etwa zwischen 0.00 und 6.00 Uhr möglich ist. Andere Länder haben mit solchen Teilbeschränkungen begonnen, aber wahrscheinlich muß man Transitstraßen ausnehmen.

Gestatten Sie mir folgende, kurze, zusammenfassende Schlußgedanken. Es ist selbstverständlich, daß mit steigendem Wohlstand in unserer Republik auch die Zahl der Fahrzeuge, bevorzugt der privaten PKW, zunehmen wird. Damit steigt — besonders in den Spitzenzeiten des Straßenverkehrs — die Lärmbelästigung. Schlafstörungen, Konzentrationsschwächen der Anwohner verbunden mit stärkerer Reizbarkeit sind die Folgen.

Lärmbekämpfungsmaßnahmen an den Schallquellen direkt sind in bestimmten Fällen möglich, aber heute und in absehbarer Zeit ohne Aussicht auf bahnbrechende Erfolge. Sinnvoller und auch ökonomisch zweckmäßiger ist die Kombination architektonischer, städtebaulicher und verkehrstechnischer Planungen in guter Verbindung mit sekundären Schallschutzmaßnahmen. Gerade die Zunahme der Verkehrsdichte in unseren Städten zwingt zu einer umfassenden Berücksichtigung zahlreicher Umweltfaktoren. Einer davon ist der Lärm.

Diskussion

Zur Einleitung der Diskussion hebt der Vorsitzende, Herr Prof. LEHMANN einige Schwerpunkte der drei Referate heraus. Er betont, daß die dargelegten Untersuchungen zu verstärken sind dahingehend, wie das Ökosystem im Straßenrandgebiet, das ein Biotop innerhalb eines mit dem Verkehr im Zusammenhang stehenden geoökologischen Gesamtsystems darstellt, auf die dort eingetragenen Noxen reagieren kann.

Herr Prof. SCHINDLER begrüßt das in den Referaten erkennbare Bestreben, ökologische Probleme ökonomisch zu bewerten oder zu begründen. Ausgehend von der Entwicklung des Platzentzuges durch den ruhenden Verkehr, berechnet er bei einer angenommenen Anzahl von mehr als einer Milliarde Kraftfahrzeugen im Jahre 2000 die benötigte Stellfläche zu 10 Milliarden m^2. Anhand weiterer Zahlenangaben belegt er, daß der größte Teil der Kraftfahrzeuge als Konsumtionsmittel bezeichnet werden muß, deren moralischer Verschleiß ein Ausscheiden aus dem Reproduktionsprozeß wesentlich vor dem physischen Verschleiß bewirkt. In diesem Zusammenhang betont er die Notwendigkeit einer Klärung der Frage, wie weit mobile Verkehrsmittel an der Verbesserung der Produktions- und Lebensbedingungen teilhaben.

Herr Prof. ENGST weist im Zusammenhang mit den in den Referaten aufgeführten verkehrsbedingten Pollutanten von Nahrung und Ernährung sowie deren Rohstoffen auf die vom Food monitoring Programm der UNO aufgestellte Prioritätenliste notwendiger Kontrollen auf kontaminierende Fremdstoffe in Lebensmitteln hin, bei der an erster Stelle das Blei und an zweiter Polyaromaten stehen. Quellen hoher Kontaminationsgrade sind Randgebiete hoch frequentierter Straßen, Einflugschneisen und die Umgebung von Produktionsstätten spezieller Industriezweige. Die mengenmäßige Aufnahme von Polyaromaten z. B. mit über Holzkohle gegrillten Fleischwaren oder Röstkaffee verglichen mit der Zufuhr durch Obst, Gemüse und Getreideprodukten gestattet den Schluß, daß die zuletztgenannten Produkte, obwohl nur ein bis zwei Zehnerpotenzen geringer mit Polyaromaten behaftet als die Ersteren, in der Gesamtbilanz aufgrund der Verzehrsgewohnheiten für die Zufuhr mit Nahrung als hauptverantwortlich anzusehen sind. Da Polyaromaten (und auch Blei) ubiquitär sind, ist ein Vorkommen in Kulturpflanzen nicht auszuschließen. Als Ziel ist daher das dem jeweiligen Erkenntnisstand und den Möglichkeiten der Praxis entsprechende Grenzwertminimum anzustreben. Gegenwärtig werden die klassischen Definitionen der essentiellen 14 Spurenelemente neu überdacht. Nach Untersuchungen von SCHWARZ in den USA, der bei bleifrei ernährten Ratten Mangelerscheinungen feststellen konnte, muß auch dieses Schwermetall in sehr niedrigen Konzentrationsbereichen als essentiell angesehen werden. Das darf jedoch nicht darüber hinwegtäuschen, daß die in den Ballungszentren auftretenden Kontaminationswerte als zu hoch anzusehen sind. Daher ergeht von den Diskussionsrednern auch der Vorschlag, Randstreifen ausschließlich der Futtermittelgewinnung zuzuführen, vor allem, da bekannt ist, daß Polyaromaten nicht zur Akkumulation im Warmblüter neigen.

Herr Prof. ALBRING betrachtet die Darlegungen vom Standpunkt des Strömungsmechanikers und stellt die allgemeine Meinung vor, nur die sichtbare Fahne des Dieselmotors wird als störend empfunden, nicht aber die mit freiem Auge nicht wahrnehmbare des Ottomotors. Abgase erfahren eine Verdichtung insbesondere in Straßenschluchten, also in Straßen, die beidseitig mit hohen und zusammenhängenden Häuserfronten versehen sind. Für künftige städtebauliche Maßnahmen wird die Notwendigkeit einer aufgelockerten Randbebauung hervorgehoben, d. h., es sollen mit Sträuchern und Bäumen bepflanzte Schutzstreifen beiderseits der Straße angelegt werden, an die sich in zunehmender Entfernung eine lockere Bebauung anschließt. Hohe Häuser sind entfernt von Verkehrswegen zu plazieren. Weiterhin berichtet der Diskussionsredner über Modellversuche im Windkanal, bei denen zunächst die Erosionsschutzwirkung von Gehölzstreifen und Hecken untersucht wird und die auch zur Überprüfung des Rückhaltevermögens für Emissionen geeignet sein dürften.

Herr Dr. GIBEL führt aus, daß Grenzwerte die Grundlage gesetzlicher Festlegungen und Kontrollmaßnahmen darstellen, die Gesundheitsschäden beim Menschen vermeiden sollen. Unter Gesundheitsschäden ist die Beeinträchtigung des physischen und psychischen Wohlbefindens zu verstehen. Einflüsse dieser Art sind in ihrer Erfassung sehr problematisch. Die bestehenden funktionellen und morphologischen Unterschiede innerhalb einer Art lassen Unterschiede in der Suszeptibilität gegenüber Umwelteinflußgrößen zu, so daß häufig nicht genau abzugrenzen ist, was noch physiologisch und was bereits pathologisch ist. Es verbleibt also stets ein Restrisiko, das nach dem jeweiligen Kenntnisstand und dessen Anwendung mehr oder weniger groß ist. In der Krebsforschung neigt man zunehmend zu der Auffassung, daß wahrscheinlich auch für Summationsgifte gleichfalls unterschwellige Grenzen aufgezeigt werden können, die der Zelle die Möglichkeit zur Regeneration geben.

Herr Prof. THOMASIUS spricht über Zusammenhänge zwischen der Schutzwirkung (Staubfilterwirkung) von Gehölzen und deren Strukturen, wie Größe der Blattfläche, Behaarung der Blätter, Dichte der Anpflanzungen, Dauer der Begrünung usw. Auch die Wirkungen auf den Lärmschutz und die Möglichkeiten der Praxis werden dargelegt. Die letzteren werden hauptsächlich eingeengt durch Standortansprüche der Pflanzen und deren Empfindlichkeit gegenüber Immissionen.

Herr Prof. Dässler setzt die Diskussion über Grenzwerte fort, weist darauf hin, daß Grenzwerte Arbeitsgrundlage staatlicher und kommunaler Kontrollinstanzen, insbesondere der Hygiene darstellen, daß aber zu einer erfolgreichen Anwendung dieser Basiswerte auch die Qualifizierung gehören muß. MIK-Werte sind bisher ausschließlich auf die Belange des Menschen ausgerichtet; es ist aber notwendig, auch MIK-Werte für Pflanzen zu erarbeiten, was im Rahmen des RGW bereits begonnen wurde. Hinsichtlich der Gehölzschutzstreifen führt er aus, daß diese besonders immissionsgefährdet sind und betont die Notwendigkeit künftiger Forschung, sich auf Maßnahmen der Rekultivierung einzustellen.

Auch Frau Prof. Renker geht noch einmal auf die Grenzwertsituation ein und vergleicht die Modalitäten zu ihrer Festsetzung in der UdSSR, den USA und der DDR. MAK-, MIK- und MEK-Werte haben verbindlichen Charakter und sollen Schutz vor einem spezifischen Schaden bieten. Beeinträchtigungen des Wohlbefindens sind durch Festlegung und Kontrolle dieser Werte nicht auszuschließen. Es ist daher notwendig, an diesen Werten ständig zu arbeiten, um sie dem jeweiligen Kenntnisstand anzupassen. Dies gilt auch für solange und häufig benutzte Stoffe, wie Benzol und Asbest.

Herr Prof. Riedel fordert u. a. im Interesse einer optimalen Gestaltung und Ausnützung der Räume, soweit wie möglich stabile Transportmechanismen einzusetzen, vor allem Rohrleitungen, Pipelines sowohl für Produkte wie auch für Energie (z. B. Gas, Fernwärme). Zu klären ist die Frage, wieweit der Lastverkehr über Straßen überhaupt notwendig und wirtschaftlich vertretbar ist. Vor allem in Städten ist neben der Lärm- und Abgasbelästigung noch der aufwirbelnde Effekt der Kraftfahrzeuge von Bedeutung, der größere Mengen von Schwebestaub erzeugt. Neben grundsätzlichen Veränderungen erscheinen dem Diskussionsredner aber auch die Möglichkeiten zur Verbesserung bestehender Technologien zur Abgas- und Lärmminderung lange noch nicht erschöpft zu sein.

Herr Prof. Ehwald weist auf die Unmöglichkeit hin, entlang stark frequentierter Straßen Schutzstreifen mit besonderen Kulturen, z. B. Futterpflanzen anzulegen. Eine Differenzierung der Anbauarten entlang der Straßen wird auch dann überflüssig, wenn z. B. Getreide, Kartoffeln, Rüben u. ä. Kulturen angebaut werden, bei denen vor der Inverkehrbringung stets mit einem erheblichen Verschnitt gerechnet werden kann. Eine andere Situation ergibt sich bei dem Anbau von Gemüse oder Obst, der — wenn er überhaupt in Straßennähe erfolgen muß — durch einen Gehölzfilter geschützt werden sollte.

Herr Prof. Lüdemann diskutiert die Notwendigkeit, ökonomische Kategorien auf nichtökonomische Prozesse anzuwenden oder neue Maßstäbe einzuführen, die den Zustand des optimalen Wohlbefindens des Menschen als Funktion des Naturraumhaushaltes sehen.

Herr Prof. Lehmann würdigt abschließend die Vorschläge und Diskussionsbeiträge und hebt die Bedeutung der Verkehrswege als Verbindung der wesentlichsten menschlichen Aktivitäten — Arbeiten, Wohnen und Erholen — hervor.

FSC
www.fsc.org
MIX
Papier | Fördert gute Waldnutzung
FSC® C083411

Kolibri 360 GmbH
Ferdinand-Jühlke-Straße 7
99095 Erfurt, Deutschland
produktsicherheit@kolibri360.de